再探量子力学基本原理

顾逸铭　著

线装書局

图书在版编目（CIP）数据

再探量子力学基本原理 / 顾逸铭著 . -- 北京 ：线
装书局 , 2023.1
　　ISBN 978-7-5120-5341-0

　　Ⅰ．①再… Ⅱ．①顾… Ⅲ．①量子力学 Ⅳ.
① O413.1

中国国家版本馆 CIP 数据核字（2023）第 020162 号

再探量子力学基本原理
ZAITAN LIANGZILIXUE JIBEN YUANLI

作　　者：顾逸铭
责任编辑：崔　巍
出版发行：线装書局
　　　　　地　址：北京市丰台区方庄日月天地大厦 B 座 17 层（100078）
　　　　　电　话：010-58077126（发行部）010-58076938（总编室）
　　　　　网　址：www.zgxzsj.com
经　　销：新华书店
印　　制：涿州军迪印刷有限公司
开　　本：787mm×1092mm　1/16
印　　张：11
字　　数：80 千字
版　　次：2023 年 1 月第 1 版第 1 次印刷
定　　价：59.80 元

线装书局官方微信

爱因斯坦和玻尔座谈讨论照

玻尔：波函数只具有概率的意义，没有客观的实
　　　在性。

爱因斯坦：上帝是不会掷骰子的。

量 子 颂

性行时性一形主
本来测粒子成造
非波观显量聚创
测散们团是形物
莫性人波就波万
秘自到成我作宙
神独待缩一散宇

前　言

　　经典力学自牛顿开创以来几百年，大至宇宙天体日月星系运动，小至凡是肉眼所见的物体运动，无不在经典力学掌控之中。万物循道。探月飞船工程的实施，星际航行的展望，全赖经典力学（包含相对论）所揭示的宏观物体运动规律，决定论的支配。

　　一尺之杆，日取其半，能万世不竭吗？换言之，物质是否无限可分？为什么？若非无限，那么，分至极限其性质将如何？进入微观世界，物质运动的变化规律将是怎样的？现有的经典宏观力学能否管辖它？这量变形成的质变，有没有鸿沟？

　　掌控微观世界的量子力学，自20世纪20年代诞生至今也已百年。它作为现代科学技术二大支柱之一，成就显赫，连人们的日常生活都与之密切相关。可是，人们对其基本原理的认识却始终存在疑惑并争论不息。诸如光子、电子等微观体系的波粒二象性，就深深地困扰着几代物理学家。不清楚物质的基本形态到底是什么样子，在人们的头脑里应记住电子什么样的图像：是颗粒状"粒子"，还是弥散状的"物质波"？描述微观体系状态的波函数 Ψ（读音 Psi）其物理意义到底是什么？

　　由爱因斯坦与玻尔各自为首的二大科学阵营，为此争论了数十载而未果。以玻尔、海森堡为代表的哥本哈根学派认为，科学关注的只是可观察的事物；对微观客体的行为，不可能同时作完整的形象化描述；不可能确定它与观察现象方式无关的属性，不能用形成知觉的空间时间概念来描写。"波"和"粒子"二字眼只是我们用日常语言作的类似比喻。恰当描述只能用抽象的数学语言来全面表达。因此，波函数只是计算工具而言。目前主流的看法是它只具有概率的意义，没有客观实在性。[1]以爱因斯坦为代表的一些科学家，则始终反对仅满足于概率的解释。认为自然界必然有其决定论式的描述。微观客体作为一个实在体，一定能对其做出不依赖于观测条件的精确而合理的客观描述。有句名言"上帝是不会掷骰子的"，统计性预言只不过是量子理论不完备，应该由现在人们还不知道的某些因素（隐变量）来确定。[1]就是连量子力学基本方程的创立者薛定谔也居然站在创立量子力学基本原理的哥本哈根派对立面，附和爱因斯坦，并提出有名的"薛定谔猫"思想实验来质疑玻尔哥派的思想精神。

诺贝尔奖得主费曼感慨地说，"……当今世界上，没有一个人是真正懂得量子力学的"。[2] 1935年，爱因斯坦、波多尔斯基和罗森合写了一篇文章《能认为量子力学对物理实在的描述是完备的吗？》。他们从定域实在论的观点出发，提出一个思想实验，用来对量子力学质疑：要么量子力学对物理实在的描述是不完备的，要么存在着一种瞬时的超距作用。这就是众所周知的 EPR 佯谬。也就是量子纠缠现象的疑惑。

20 世纪 70 年代初至 80 年代，相继完成十二个关于"远隔离"粒子量子关联实验。结果表明量子力学的预言是正确的。EPR 关联（即量子纠缠）确实存在。从而不得不要在非实在论或非定域性二者中做出痛苦的选择。若选择前者，那将会动摇整个物理学大厦，是最不愿意的；若选择后者，将把量子论放在与相对论对立的地位。由此震惊了物理学界和哲学界。

产生诸如：真的存在超距作用，与相对论不相容？物质世界是否客观存在？月亮在我不看到它时存在不存在？等等一系列问题。

在随后数十年来，国内外不乏追求真理的科学家在苦苦探索着这量子力学原理中微观物质世界的奥秘，孜孜不倦地埋首实验，以验证哥派精神与爱氏信仰究竟谁是谁非。以光量子体系为标的物的实验，技术上较成熟，重复性也好，发展迅猛。

2016 年，"墨子号"量子保密通信卫星的上天，使量子的纠缠"幽灵"回荡在天空，展现于人们视界中。二个已分离很远的量子系统，当真有鬼魅般的相互联系？由量子力学原理，无论它们相隔多远，甚至是星系间隔，只要测量一方，另一方瞬间就能做出反应！这种超光速的影响作用，科幻般的不可思议，深深地困扰着人们的认知。也激发起人们无限的想象和思考。什么多维世界、平行宇宙、人的意识对观察的作用、世界是否实在、人的灵魂是否存在、由纠缠现象，能否使物体甚至人作为实体瞬间送达遥远的星球上？等等各种奇思异想纷纷兴起。真是百家争鸣，各说其是。

物理学的科学真理，是从客观的实验现象事实中总结归纳出合乎逻辑的科学规律。它能接受时间的考验，人们实践的检验。

围绕量子力学基本原理的百年争论，似乎已不是对理论做再深入的探究和依赖新的数学工具出现，而是人们认知方式的诠释。汇聚在二大科学阵营中的成员，都是些聪慧绝顶的科学精英，都是思维敏锐、学术严谨的佼佼者。两派各自提出的论证都有合理性，但都说服不了对方。[2] 微观物质体系在运动过程中的波动性现象和实验观察结果是铁一般的事实，结论无可非议；而微观物质体系在受到观察测量时，呈现的量子化颗粒性质也是事实。正因为是量子化的，才有了量子力学。但是"波"和"粒子"恰是两个对立的不可调和的概念。哥派精神的概率解释，其实质隐喻着微观体系是以"颗粒"形式为前提，方有"概率出现"之解释；而爱氏的信仰，主张客观实在性、定域性，显然是默认微观物质体系的"粒子"性。

我思考着，是否有可能是双方出发点的方向上不对所致不能调解？

因此，有必要我们重新审视量子力学由实验现象到建立的思路历程，细察每一关键处，思索问题的症结会在哪里。

我是一个教师，职业性要求我向学生授课能有一个较满意的交代；专业性要求我自己多问一个为什么，以探究事物的真谛。本人曾于 1991 年在国际刊物 *Physics essays* 发表题为《波粒二象性和测量问题》(译成的中文名) 一文。尝试扮演和事佬来化解双方争论。

值此围绕量子力学基本原理的纷争和质疑，若能有一本通俗易懂的介绍量子力学基本原理的科普书籍，是非常有必要的。本着求索真理的宗旨，从实验现象和事实出发，究其实质和本源。于观察和思考中，展开量子力学基本原理的正统解释和围绕原理二大阵营的观点论战。为求真谛百家争鸣。

本书既可为物理学界、哲学界参考，又可作为物理专业和与物理相关的专业学生的参考书。对大众也是关于量子力学基本原理其物理思想的启蒙书，辅助教材本。

目　录

第一章　微观物质体系的实验现象观察和波粒二象性

第一节　光（或电子）的双缝干涉衍射现象

从源 S 发出的一束光（或电子束）射向双缝 A 与 B，在屏幕 C 上形成明暗相间的干涉衍射条纹。

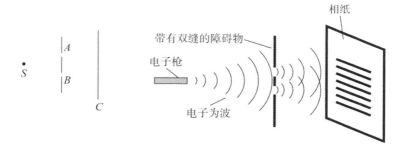

双缝干涉衍射示意图

双缝衍射实验图

　　若关闭其中一缝，屏幕 C 上则形成单缝的衍射图。双缝衍射图不为两个单缝衍射图的叠加。

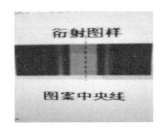

单缝衍射示意图　　　　　　**仅单缝 A 或单缝 B 衍射实验图**

　　双缝干涉衍射条纹与单缝衍射条纹的比较：双缝干涉衍射条纹是等距的明暗相间的条纹；而单缝衍射条纹是中央宽，两边窄的明暗相间，且亮度趋两边很快衰减的条纹。很显然，双缝干涉衍射条纹不为二个单缝衍射条纹的叠加。

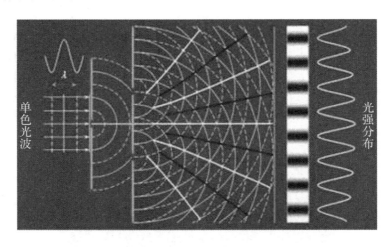

双缝干涉衍射条纹光强度分布

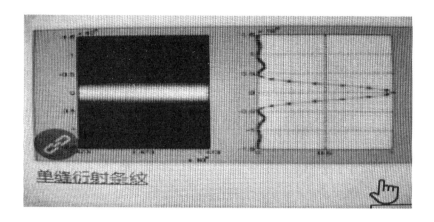

单缝衍射条纹强度

【实验观察与思考】

（1）同样的光源，光线同时通过双缝后在屏幕 C 上的明暗相间图案，不为光线分别通过单缝的图案叠加，说明光线同时通过双缝 A 与 B 后，互相影响干涉。观察水波的类似实验，可清楚理解。

水波的双缝干涉图

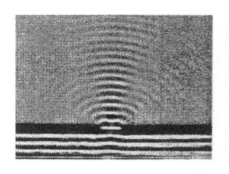

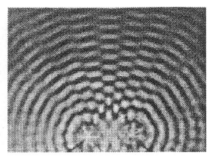

单缝衍射的水波纹　　　　　　　　双缝干涉衍射的水波纹

（2）条纹亮的地方是光线通过双缝后干涉的加强处，暗纹是干涉后的相消处。在水波的类似实验现象中，水面上的任一点振动是由从 A 和 B 传播来的二个水波引起的二个振动迭加。有的点合振动加强，有的点合振动相消。由波动规律完全可作精确的计算。因此，从光源 S 发出的一束光是一列波，它行进到双缝 A 与 B 并同时通过后，在双缝与屏幕之间空间中互相干涉，最后投射到屏幕 C 上。毫无疑义，早已公认一束光即是一束电磁波，它在运动过程中呈现波动性，遵循麦克斯韦理论方程的波动规律。

（3）进一步的实验又表明，无论光源 S 发射的光波强度如何减小，最终在屏幕上所形成的双缝干涉衍射图案是一样的。早在 20 世纪，就有人利用发射光线的能量微弱到几乎近单个光量子实体的光源，用相片长时间曝光，得到的双缝干涉衍射图片，结果与一次性强光得到的双缝干涉衍射图片是一样的。而且同样的是，若是关闭双缝中任一缝，也得不到干涉衍射图。这表明，单个光量子能量微观客体在运动过程中，也是呈现波动性，才能同时通过双缝，并在双缝后进行干涉。公认的结论是，光就是电磁波，无论强度大小，都遵循波动规律运动，有反射、折射、衍射、叠加和干涉等波动的特征。

（4）光波在屏幕上的明暗相间干涉条纹到底是什么？经过放大，亮条纹原来是由大量光斑点所构成！最亮处斑点密度最高，向着暗处密度减小。斑点密度与亮度成正比！假如，光源强度减小至几乎接近单个光量子的能量，仔细观察屏幕发现，起初是无规则的零星斑点，随着时间增长，斑点数增多，逐渐形成有规律的分布，总体成为双缝干涉衍射图。

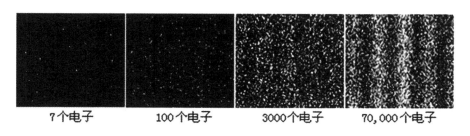

7个电子　　　100个电子　　　3000个电子　　　70,000个电子

电子干涉图样

斑点分布随数量增多，衍射图案逐趋明晰

这就产生疑问了，光波既然是电磁波，波是弥散性的物理图像，同时通过双缝后干涉的光波在行进到屏幕前，它仍是弥散于空间的波！怎么到屏幕的一瞬间就变成为很小区域中的一个斑点？这行为又像颗粒性"粒子"！

第二节　光波的量子性实验现象

一、普朗克的量子假设

大家都见过雨后初晴天空出现的彩虹现象。太阳的白光，射经湿润的大气而折射，分离开红橙黄绿青蓝紫等颜色。由电磁学波动规律，不同频率的光波折射率不同，故而不同频率的光波分离开，形成七彩。红色是光波频率低端，或是光波长长端；紫色是光波频率高端或即光波长短端。

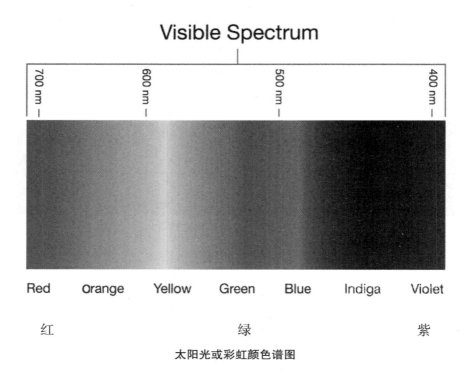

太阳光或彩虹颜色谱图

肉眼不能感知的红外端则频率更低，波长更长；同样，肉眼不能感知的紫外线频率更高，波长更短。很多人也一定见过铁条在火炉里被加热的过程中，铁条慢慢变红且向橙色转变。也就是说，铁条被加热，温度升高，它的颜色也逐渐由红向着频率高的颜色变化。铁条的颜色也就是铁条辐射出的光波的相应频率。因此，在炼钢厂为了测定炼钢炉中铁水的温度，就是用观测炉中铁水辐射出的光波频率来测定的。这就是光测高温计。在研究炼钢炉中铁水辐射出的光波频率与温度即能量的关系实验中发现，若由原来的热力学、电动力学和统计物理学等经典物理学来解释的话，都不能得到与实验结果相符的结论。尤其在紫外线端，理论与实验结果完全不同。

普朗克（Planck）在 1900 年引进量子概念，才使理论与实验结果符合得很好。普朗克假定：**炉腔是以 $h\upsilon$ 为能量单位不连续地辐射和吸收频率为 υ（读音 Nu）的光波，而不是连续地可以辐射和吸收光波能量。能量单位 $h\upsilon$ 称为能量子。** h 就是普朗克常数 $= 6.62559 \times 10^{-34}$ 焦耳·秒。普朗克首次揭示了光波的能量有最小单位——能量子。当然，不同频率的光波，能量子是不同的。这最小的光波能量子 $h\upsilon$，是不是说明了光波的微粒性呢？还不能。例如，它也可以是一段波列。也就是说，炉腔的辐射和吸收可能是以 $h\upsilon$ 为最小能量单位的一段段光波列。

二、爱因斯坦的光电效应

现象：当紫外线光照射金属时，会有电子从金属表面逸出。称此电子为光电子。

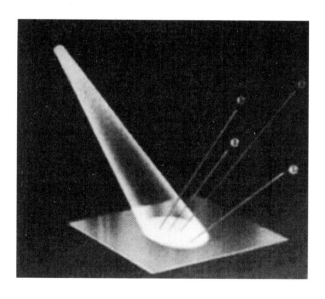

光电效应

实验结果：

（1）对一定的金属材料，只有当光的频率大于一定值时，才有光电子发射出来（当然，不同金属材料此值不同），而且只要一照，几乎瞬时射出光电子；如果光的频率低于这个值，则不论光的强度多大，照射时间多长，都不会有光电子产生。

（2）光电子能量只与光的频率有关，而与光的强度无关；光的频率越高，光电子的能量就越大。

（3）光的强度只影响光电子的数目，强度增大，光电子的数目就增多。

【实验观察与思考】

若按照光波的经典电磁理论来解释此实验现象，光波照射到金属时，由于电磁场的作用，会引起金属中电子的强迫振动。光的强度大即电磁场强，电子受强迫振动的振幅也大，大到一定程度就会使电子脱离金属成为光电子。与光的频率应该无关。而且，光的强度虽小，但只要照射时间足够长，也应当有光电子产生出来。显然与实验结果不符。**爱因斯坦的观点是，当光射到金属表面上时，是能量为 $h\upsilon$ 的光子被电子所吸收**。电子用此能量的一部分来克服金属表面对它的吸引力所做的功（称为"脱出功"或"逸出功"），剩余部分就是此光电子的动能。功能关系式可写为

$$\frac{1}{2}m\upsilon^2 = h\upsilon - W$$

上式中 m 是电子的质量，υ 是电子逸出金属表面后的速度，W 是脱出功。

如果电子的能量 $h\upsilon$ 小于 W，则电子不能脱出金属表面，因而没有光电子产生。由于光的频率决定了光子的能量，而光的强度只决定光子的数目，光子多，产生的光电子数也就多。光电子吸收光子能量几乎是瞬时的，故光电子的产生几乎是瞬时的。这就完全解释了实验现象。

因此，由光电效应现象，**爱因斯坦认为 $h\upsilon$ 就是颗粒性粒子——光子**。炼钢炉中的铁原子就是以能量为 $h\upsilon$ 的光子不连续地辐射和吸收的。他的观点比普朗克的观点更进一步。**爱因斯坦还根据自己的相对论理论，得出光子不但具有确定的能量 $h\upsilon$，而且具有动量 $p = \dfrac{h}{\lambda}$，其中 λ（读音 Lambda）为光子相应的电磁波波长。**

关系式 $E = h\upsilon$ 和 $P = \dfrac{h}{\lambda}$ 是量子力学中相当重要的二个关系式。频率 υ 和波长 λ 是波动性物理量；能量 E 和动量 P 则是粒子性的物理量。这二个关系式把光的波动性和粒子性联系起来了。

三、康普顿 Compton 的散射效应

现象：高频率的 X 射线被原子中的电子散射，散射到不同方向的散射光线波长会不同，而且随散射角的增加而增大。

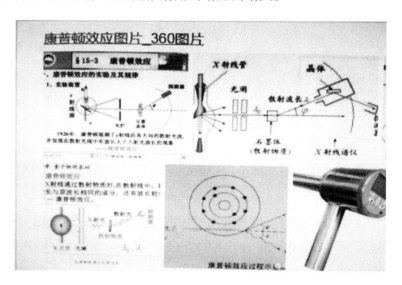

康普顿散射效应实验示意图

【实验观察与思考】

按照经典电动力学光是电磁波的波动分析，这散射射线是原子中的电子受到入射 X 射线的电磁场作用，做强迫振动所发射的电磁波。这强迫振动的频率与入射 X 射线的频率应该一样。从而散射的电磁波频率也应该与入射线一样，因此散射波波长也不应该改变。而按光量子理论，把这散射效应看成是光子与电子的碰撞过程，由于碰撞的结果，散射后的光子动量 P 也不同，从而散射光波波长也就不同，与散射角有一关系。如下图。

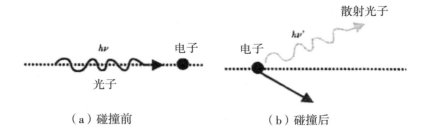

（a）碰撞前　　　　　　　　（b）碰撞后

光子与电子碰撞后的散射

经过理论计算，得出的结果与实验完全相符合。由此进一步证实了光的粒子性。

光的干涉衍射实验现象和其电磁场波动性理论，铁一般地说明了光的波动性质，光就是电磁场波。普朗克和爱因斯坦的理论及康普顿效应，又表明了光还具有微粒性。这种双重性质就是量子力学中最重要的物理概念，称为波粒二象性，是微观物质世界最重要的特征。

第三节 实物粒子的波动性和波粒二象性

光有波粒二象性,那么实物粒子如电子、质子、中子等等有波动性吗?是否也与光一样具有波粒二象性呢?

1924 年,法国科学家德布罗意 de Broglie 在光的波粒二象性启示下,提出所有的微观粒子,如电子、质子、中子、原子核等等都具有波粒二象性的假说。他认为,过去对光的研究上重视了光的波动性,而忽略了光的微粒性;在对实体的研究上恰相反,过分重视了实体的粒子性,而忽略了实体的波动性。因此,他提出了微观粒子也具有波动性的假说。与光的二个关系式一样,粒子的能量 E 和动量 P 与其波的频率 υ 和波长 λ 之间的关系是

$$E = h\upsilon \qquad P = \frac{h}{\lambda}$$

称为德布罗意公式或德布罗意关系。λ 也就称为德布罗意波长。

1927 年,戴维孙(Davisson)和革末(Germer)所做的电子入射到镍单晶金属表面被衍射的实验,证实了德布罗意的假说。他们发现,散射电子在空间的强度分布与 X 射线(即光波)的衍射现象相同。他们从实验结果计算得出的德布罗意波长与从德布罗意公式得出的结果完全一致。

Davisson 和 Germer 应用 Ni 晶体进行电子衍射实验

还有，电子束穿过金属箔片后，也像 X 射线一样，产生衍射现象。如下图。

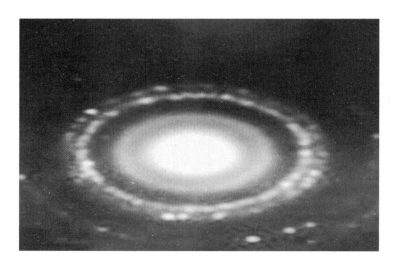

有人还做过用电子束代替光源的双缝干涉衍射实验，结果完全证实了德布罗意关系式。许多其他实验还证明如质子、中子、原子、分子等等微观粒子的衍射现象。肯定了它们的能量和动量与其相应的频率和波

长之间的德布罗意关系式。电子显微镜已是大家所熟知的实用了的仪器。

一切微观物质体系都具有波粒二象性。

【**实验观察与思考**】

由光束、电子束等的衍射实验，证明微观物质体系的波动性是因为衍射乃是波的特征，是微观物质体系在运动过程中，互相干涉、迭加，以致有的地方加强，有的地方减弱的结果。也就是说，微观物质体系在运动过程中的波动性像物质波。

由光电效应、康普顿效应等实验证明光波的粒子性，是因为光与电子体系相互作用时，其行为的显示又像颗粒性。但是这并没有否定光波在与电子体系相互作用之前和之后的波动性。

在光的衍射实验中，当用屏幕观测干涉后的光波，在屏幕上所显示的斑点，也是因为光波与屏幕上该处的原子发生相互作用而显示出颗粒性的。

可以这么说，光在传播即运动过程中显示其波动性，从而可以互相干涉；当光与其他物质发生相互作用时，其行为又显示出粒子性。电子也如此。因此可以下此结论：

微观物质体系在运动过程中体现出波动性；当受到观测与其他物质相互作用时，又才显示出粒子性。

这是真正意义上，对微观物质体系波粒二象性确切又完整的表述。这是洞悉微观物质运动规律，探究和认识微观物质世界奥秘的关键和出发点。

第二章　量子力学的诞生

　　宏观物体可由经典力学牛顿方程式来描述物体的运动情况。已知现时刻物体的位置和速度（或即动量），由方程式就能推测物体今后往那里，并将在何处出现。初始条件有了，原因都全了，结果是一定的。服从因果关系，称为决定论。

　　对微观世界物质，如双缝衍射实验中的光子，虽然用屏幕观测到斑点处的光子，但是在观测之前，它是从何处而来的？之前曾在何处？它从光源发出后，是如何经过二个缝再到观测屏幕处的？在屏幕观测到它之前，运动是波动！是在光源与缝之间的空间中和缝至屏幕的空间中做弥散性的波动！在这大范围空间中任一点都不能用来代表整个的光子位置！当然也更说不上它的动量了。因此，不能用经典力学的牛顿方程来描述它。若按光子在运动过程中呈现波动性的特征，用经典波动方程可行否？也不行，经典的波动方程虽然能反映出波动性特征，但不能用来描述光子的微粒性特征。牛顿方程是描述质点的运动方程，仅反映粒子性；而经典的波动方程仅反映波动性，不能反映粒子性。

　　现有的经典力学中的方程都不能用来全面描述微观物质运动的波粒二象性。

第一节　薛定谔方程的建立

大家所熟知的牛顿运动方程 $F = ma$，力 F 与物体的质量 m 及物体运动的加速度 a，可以通过实验测量这三者的关系而得到。在物理学理论中，有一个很重要的原理称为最小作用量原理。由这原理可推导出反映粒子性运动的牛顿方程式。同样由这原理，数学上也能推导出反映波动性质的波动方程。它们共同的关键点是，只要能求出该体系的哈密顿（Hamilton）量 H 的函数形式（哈密顿量 H 表示体系的动能和势能之和），就能推导出牛顿方程式或波动力学方程式。

既然最小作用量原理具有普遍性，那么能否也只要找到微观体系的相应哈密顿量 H 的函数形式，就能得出反映微观体系的波动性和粒子性呢？

这工作由薛定谔 Schrodinger，德布罗意 de Broglie 等完成了。他们从一般的质点力学与波动力学进行类比后，把质点力学中的哈密顿函数 H 变作为算符形式 H〔顾名思义，算符是运算符号。表示数学上的一种操作。通常的四则运算和微积分都可认为是算符〕提出了著名的薛定谔方程

$$i\hbar\frac{\partial}{\partial t}\Psi(\mathbf{r},t) = \hat{H}\Psi(\mathbf{r},t) \qquad (t \geqslant 0, \mathbf{r} \in 全空间) \qquad (1)$$

其中哈密顿算符 $\hat{H} \equiv -\frac{\hbar^2}{2m}\left(\frac{\partial^2}{\partial x^2} + \frac{\partial^2}{\partial y^2} + \frac{\partial^2}{\partial z^2}\right) + U(\mathbf{r},t)$

其含有对坐标的二次微分 $\left(\frac{\partial^2}{\partial x^2} + \frac{\partial^2}{\partial y^2} + \frac{\partial^2}{\partial z^2}\right)$。在量子力学中，力学量字母顶上用记号"＾"来表示此力学量为算符（或用相应的黑体字母表示）$U(\mathbf{r}, t)$ 是微观体系与外场相互作用的势能函数。i 是虚数，数学上等

于 $\sqrt{-1}$ 根号负 1。

$\hbar = \dfrac{h}{2\pi}$ 普朗克常数 h 除以 2π。因为常出现 $\dfrac{h}{2\pi}$，故简单用之。

$\Psi(\mathbf{r},t)$ 就是描写微观体系运动状态的波函数。

$\dfrac{\partial}{\partial t}$ 表示对时间的一次微分。

此方程式由薛定谔 1926 年提出的，是量子力学最基本的方程。其地位相当于牛顿方程在经典力学中的地位。

薛定谔方程不是从理论上推导出来的。也不像牛顿方程可从实验结果总结出来的。因此，方程的正确与否是由在各种具体情况下，从方程所得出的结论与实验结果相比较来验证的。

非常重要的一点是特别要指出的，为什么方程式中出现有虚数 i？十分与众不同，它的物理含义究竟是什么？在第四章中解释。

第二节　薛定谔方程初试锋芒　硕果不凡

在各种情况下，求解薛定谔方程的关键是要能知道微观体系所受外力场作用的势能函数 $U(\mathbf{r}, t)$。在物理学中，常说的所谓建立一种物理模型，是它能比较接近反映微观体系在外场作用下的实际情况。然后求解方程，从这数学理论上所得的结果与实验测得的数据相比较和分析，推测物理模型的正确程度。从而知悉微观世界和宏观物质的奥秘。

一、能量的量子化

合理地设想物体中的原子、分子间的运动物理模型是：各自在平衡点附近做振动。它们间的相互作用势能可近似地用线性谐振子势能形式表示。势能 $U(x)$ 函数曲线表示原子或分子在平衡点（$x = 0$）附近做振动时，势能随位置 x 变化的关系。

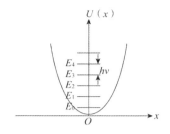

线性谐振子的能级

　　求解相应的薛定谔方程，得出原子或分子的能量是量子化的。即原子或分子的能量是一级一级的。它们只能具有这些能量和相应的状态。能级间隔就是 $h\upsilon$。这 υ 就是原子或分子做振动的频率。表明原子或分子发生能量变化时，只能按 $h\upsilon$ 的倍数变化。这与普朗克的假设完全一致。由此还解释了原子分子的振动光谱、固体的比热（固体的温度变化与热量变化的关系）等等。

　　由薛定谔方程的解，还得出原子或分子的最低能量 E。是 $\frac{1}{2}h\upsilon$，称为振动的零点能。这结果表明，原子或分子的运动绝对性。它们是永远不会静止不动的。

二、光电效应的解释

　　金属中的自由电子，在通常情况下之所以不会脱离金属表面而跑出来，是因为受到金属中正离子的吸引力。相互作用势能可用一个形似"阱"的物理模型来表示。U_0 表示了势阱的深度。

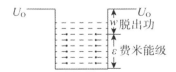

势阱和自由电子的能级

求解此相应的薛定谔方程，结果表明，自由电子的能量也是量子化的。在"阱"中有许多能级，金属中许多的自由电子状态只能处在这些能级上。由填充原则，每一能级上至多只能有二个电子，从最小能量级逐级向上能级填充至顶上一级 ε（称弗米能级）（当然上面还有些能级是空着的，当金属温度处在绝对零度以上时，会填充有电子）。显然，要使电子从金属中脱出，至少要给它能量 $W = U_0 - \varepsilon$，这就是光电效应中的脱出功。

假如金属的温度足够高，其中有些自由电子就可能获得足够大的能量而离开金属表面。即在图像中有这些电子跳出势阱。这就是热电子发射现象。常见的真空电子管就是金属热电子发射现象的应用。

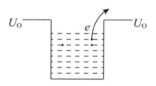

热自由电子跳出势阱

三、原子结构的稳定性和化学元素周期性表

众所周知，原子是由原子核和核外的电子所构成。那么，核外的电子是怎样的运动呢？起初，人们认为核外电子就是像行星绕太阳运动一样，环绕原子核旋转运动。但是这样的物理图像遭遇经典的电磁场理论反对！因为，根据电磁场理论，若电子绕核运动，它就要不断地辐射出电磁波而消耗能量。正如大家所熟知的电台发射天线一样。这样，带负电的电子运动能量瞬间会消耗尽，以至被带正电的原子核吸收，不可能形成稳定的原子。毫无疑问，带负电荷的电子体系与带正电荷的原子核

之间的相互作用是电磁相互作用。这势能函数 $U(\mathbf{r}, t)$ 很容易写出来。求解此薛定谔方程，结果得出，由一些称为量子数的参数所表征的能级和状态。通常情况是三个量子数，分别为 n、l、m 表示，能级写为 E_{nlm}。通常，n 愈大能量愈大。为了能形象化地表示，画成如图。

中间是原子核，核外电子的各 n 能级画成各圈。

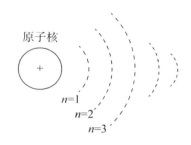

核外电子能级

［注意：千万切记不要把能级就当成电子的运动轨道！］

对每一个 n 能级，还可由 l 和 m 来细分。或者是能量相同的合在一起（称简併）；或者是 l 和 m 的不同，使能量不同而分裂，即同一 n 能级又细分为 l 和 m 的能级。

这三个量子数 n、l、m 彼此有关联。只能取以下可能值。

主量子数 $n = 1, 2, 3, \cdots\cdots$

角量子数 $l = 0, 1, 2, \cdots, n-1$

磁量子数 $m = 0, \pm 1, \pm 2, \cdots, \pm l$

若 n 为某数值，l 只能取比 n 至少小 1 的整数值，而 m 的可能取值是 $-l$，$\cdots\cdots 0$，$\cdots\cdots l$ 范围中的整数值。

不难算出，对一定的 n 值，最多可有 n^2 个能级。具有能量 E_{nlm} 的电子体系运动状态，相应记为 Ψ_{nlm}。

由解薛定谔方程得出的结果是说，原子中的电子体系能且只能处在这些能级上和相应的运动状态。言下之意，电子状态还是稳定的，不会立即变化而消失。

对于核外有多个电子体系的情况又怎样呢？由薛定谔方程和对全同性粒子体系[1]的要求推算结果，得出一个很重要的原则，称为泡利不相容原理。这原理是说，对于像电子这类全同粒子，在同一原子中，禁止有两个或以上的电子体系状态相同。这样，考虑到电子体系还有内禀性质自旋可取两个数值，以量子数 +1/2 和 –1/2 表示，最终得出，对于一定的 n 值，第 n 能级上最多可有 $2n^2$ 个电子体系状态。即是说，在第 n 能级上可有 $2n^2$ 个电子体系。

如：$n = 1$ 最低能级，最多可有 2 个电子体系；

1　全同性粒子是指一切固有性质如质量、电荷、自旋等完全相同的微观粒子体系。在经典力学中，尽管两个粒子的固有性质相同，但是，根据运动方程，每一个粒子在任一时刻都有确定的位置和速度，因此可以区分它们，而且它们也不可能重迭。量子力学中，微观粒子体系它们在运动过程中呈现波动性，波动的特征是可以迭加！（这在以后还会详细讲述）也就是说，描述全同性粒子体系运动的波函数可以互相重叠。

在重叠区若发现一个粒子体系（通过测量！）就无法区分和判断它究竟是属于哪个的。因此在重叠区的总体系（图中是二个全同粒子体系）状态就区分不了是属于 1 还是 2 的单粒子体系状态。由此，提出了量子力学的又一条基本原理，称谓微观粒子体系的全同性原理：由于全同性粒子的不可区

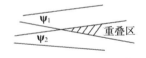

二个粒子体系波函数可有重叠区

分性，使得全同性粒子所组成的体系中，两全同粒子的单粒子状态相互交换是不引起总物理状态的改变。

根据这一原理的要求，对于全同性粒子体系的状态波函数还必须要有以下的性质，那就是在状态波函数中交换任二个单粒子体系的位置（不仅是坐标，还有自旋）也应该是薛定谔方程的结果，是描写同一个状态。因此，能满足此性质要求的状态波函数数学形式就必须是对称的，或反对称的（差一负号，不影响满足薛定谔方程），而且不随时间改变。

实验证明，自然界中存在着两类粒子对应于二种对称性。

弗米（Fermi）子：自旋数为 1/2 的奇数倍的粒子。如电子、中子、质子等。由弗米子组成的全同性粒子体系的波函数必须是反对称性的，服从弗米—狄拉克（Dirac）统计规律。

玻色（Bose）子：自旋为零或整数的粒子，如光子、π介子、氢原子、α 粒子等等。由玻色子组成的全同性粒子体系波函数必须是对称性的，服从玻色—爱因斯坦统计规律。

$n=2$ 第 2 能级上最多可有 8 个电子体系；

$n=3$ 第 3 能级上最多可有 16 个电子体系；

依此类推。

以上是仅考虑到一个电子体系与原子核相互作用最简单模型得出的结果。若再计及其他因素和多个电子体系，修正后可作更精确的计算。

由此可说明化学元素周期性表。一个带正电的质子与一个带负电的电子构成中性氢原子。电子体系处在最低能级 $n=1$ 是最稳定的。正如水往低处流，流到最低处，稳定不再流动了。因此，自然界中所有稳定的氢原子都一个样。

具有二个质子的原子核与二个电子体系构成中性的氦原子，这二个电子体系都可处在 $n=1$ 的最低能级，而且住满了，故化学性质稳定，处在元素周期表的第八类，属于惰性气体。同样，自然界中所有稳定的氦原子都一个样。

具有三个质子的原子核与三个电子体系构成的中性原子是锂原子。最低能量的稳定态是二个电子处在 $n=1$ 的能级，第三个电子体系只能处于 $n=2$ 的能级了。它与氢原子一样，最外面是一个电子体系，由化学性质属同一族。$n=2$ 能级最多可有 8 个电子体系，填满此能级的元素即是惰性气体氖。

接着是第 11 位的钠原子。最低能量的稳定态是 $n=1$ 能级二个电子，$n=2$ 能级上填满有 8 个电子外，剩下的一个只能在 $n=3$ 能级上。由化学反应性质，最外面的是一个电子，与氢、锂相同为同一族。

……

这就解释了自然界中物质元素的原子结构稳定性和周期性表。

四、原子的特征光谱线

上面讲了中性原子中的电子所处的能量和状态，按最低能级逐级填充。这时，总能量最低，原子最稳定。也正如水往低处流，流到最低处不再流动时的稳定情况一样。若有外界因素，譬如光照射此原子，给予原子能量，首先是处于最外一层能级的活跃电子体系，当满足一定的条件时，此电子体系吸收了光子能量，改变状态，从原来所处的低能级状态变化到新的高能级状态。这一定的条件即是此光子能量恰好为二能级的能量差

$$光子能量\ hv = E_高 - E_低$$

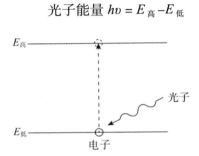

电子吸收光子跳到高能级

由薛定谔方程求出的原子中电子体系的能量即能级是分立的，一定的。故从低能量状态的电子变化到高能量状态是吸收对应二能级差的频率电磁波，且也是一定的。若有一束包含有各种频率的电磁波（如白光）照射某元素原子，由于其中一些频率电磁波会被这元素原子吸收，留在光谱分析仪屏幕上的原来白光，就会出现所缺少频率的线条。这些线条的频率位置对于一定元素原子是一定的。这就成为了这元素原子的特征光谱线—吸收光谱线。

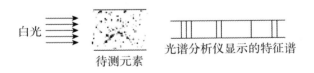

白光照射元素物质后的吸收光谱线示意图

原子中的电子体系在高能级状态是不稳定的。会受一些因素影响而辐射出电磁波，变化回到低能级状态。恰如吸收过程的相反。这辐射出的电磁波频率也是一定的。用光谱仪测定这辐射光谱线频率位置，应与吸收光谱线位置相同。

利用原子的特征光谱线，我们就可用来识别元素或物质。如太阳外大气层中有什么元素分子。用光谱分析仪分析射来的太阳光与分子的特征光谱线样本对照，对上号的即表示有此元素或分子存在。

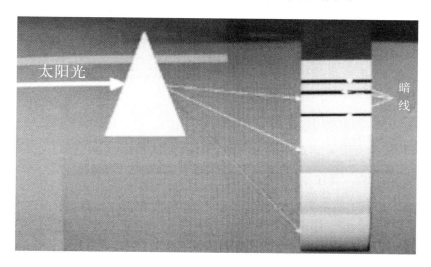

分析太阳大气层中元素的特征光谱线

五、氢原子的能级和电子状态波函数

现在我们通过薛定谔方程，较具体地了解最简单的原子—氢原子—的能级和电子运动的状态波函数。氢原子是薛定谔方程有精确解的例子。较复杂的其他原子只能近似求解。

氢原子中的电子与核质子的相互作用是电的库仑作用，很容易写出

相互作用势能函数 $U(r) = \dfrac{-e^2}{r}$，e 是电子或质子的电量。求解此薛定谔方程，结果得出如下。

（一）能量本征值，即能级 $E_n = \dfrac{-2\pi^2 me^4}{h^2} \times \dfrac{1}{n^2}$（$n = 1, 2, 3, \cdots\cdots$）其中 h 为普朗克常数。$m = \dfrac{m_1 M}{m_1 + M}$ 是考虑到核质子运动后的电子质量 m_1 与质子质量 M 的约化质量。

氢原子的电离能：从这能级表达式看出，若要把处于基态（$n = 1$）的电子电离，使电子脱离核（这时 n 为 $\to \infty$，$E = 0$）需要给以 $\dfrac{2\pi^2 me^4}{h^2} = 13.597$ 电子伏能量。这就是氢原子的电离能。

氢原子的光谱线：电子由高能级态 E_n 跃迁到低能级态 $E_{n'}$ 时（$n > n'$），辐射出光。它的频率为 $\upsilon = \dfrac{(E_n - E_{n'})}{h}$ = 常数（$\dfrac{1}{n'^2} - \dfrac{1}{n^2}$），常数是 $\dfrac{2\pi^2 me^4}{h^3}$。这就是有名的巴耳末公式。以前是从实验中得出的氢原子光谱线总结出来的，现在是从理论上计算出的。相比较符合得很好。

（二）电子状态波函数 Ψ_{nlm} 在球坐标系中表达的函数形式是较繁杂的。类似于光波，我们更关心的是波的强度。因此，我们是要表达 $|\Psi|^2$（绝对值平方）即强度的含义。下图列出几种不同 l、m 情况下的强度分布图。在物理教科书中，常把 $l = 0$ 的电子称为 S 电子；而 $l = 1$ 和 2 的电子称为 P 和 d 电子。

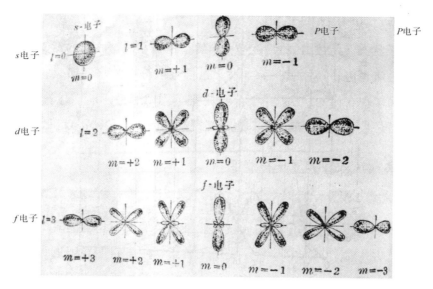

s、p、d、f状态电子云剖面图

要说明的是，这些图形是绕Z轴旋转对称的立体图的剖面。如：

S电子图实际上是一个球形体，体内强度是不一样的。

P电子图实际上是形似哑铃状体，体内强度也是不一样的。

d电子图实际上是形似蝴蝶结状椎体，体内强度也是不一样的。

……

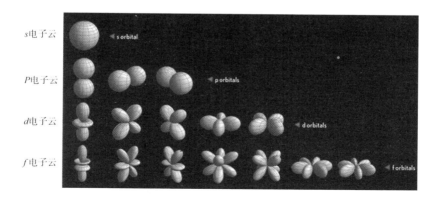

【观察与思考】

电子状态波函数 Ψ 的强度 $|\Psi|^2$ 指的是什么？按"波"的意义就是波的强度。难道电子体系就是像"波"这样弥散分布的吗？那么它的"粒子性"又体现在何处？在化学界，倒是把上列图形看成是"电子云"的。这疑问乃是量子力学中最本质，也是最疑惑的问题。留待下章讲述。

六、隧道效应和原子核衰变

原子核衰变已是大众耳熟能详的自然现象。也清楚原子核是由带正电的质子和不带电的中子所构成。虽然带正电的质子相互间有电的库仑排斥力，但不会分离而相聚合，是由于质子、中子它们在很近距离（原子核大小范围）内还有核力的相吸作用。核力的相吸作用远比电的库仑力作用大得多。故质子、中子不会离散而聚合成为原子核。为了能形象化、比较定量地表示作用力与距离的关系，常用以下二个图线来表示。考虑原子核中一个质子与其他质子和中子（合称为母核）的相互作用，图中 $F(r)-r$ 关系曲线是表明此质子与带正电的母核距离为 r 与库仑排斥力 F 大小关系的库仑力作用线。

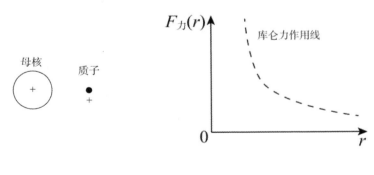

质子与母核　　　　　　　　质子与母核的库仑力作用线

下图中 $U_库(r)-r$ 关系曲线是表明此质子与母核库仑相互作用的势能

$U_{库}(r)$ 与距离 r 的关系曲线。称库仑势作用线。

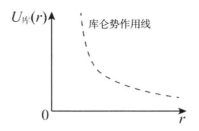

质子与母核库仑势作用线

使质子靠近母核，即 r 减小，需要外力克服库仑斥力做功。即要给以能量。因此二者的势能增加。势能 $U_{库}(r)$ 曲线与力 $F(r)$ 的曲线是等价的。但常用势能曲线，因为能量观点更好更普遍。

此质子与母核的核力相互作用线如下图。

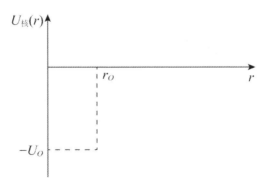

质子与母核的核力作用线

由于核力是吸引力，势能为负值（与排斥力相反，把质子与母核分开需要外力做功，给予能量。由于分开后无核力相互作用，势能为零，因此质子与母核在核内相互作用势能为负值）r_0 是原子核大小的半径。核力的作用距离很短，仅在核范围内，超过此核大小距离就无核力作用了。

此质子与母核的相互作用既有库仑力的排斥作用又有核力的吸引作用，总的作用结果即是二者合作用，为下图所示。

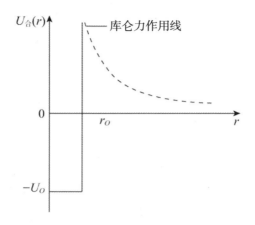

质子与母核的库仑力作用与核力作用总作用线

在核半径 r_0 范围内，核力大大强于库仑斥力，势能仍为负。在核半径 r_0 外无核力作用，仅库仑斥力，势能为正。此曲线看似在核内深陷、核外高耸的一堵墙，形象化称之为"势垒"。

在核内的质子，按经典力学是绝对不能跑出到核外的。从力的角度分析，核力的吸引大大强于库仑斥力，跑不出。从能量的角度分析，假设质子具有总能量为 E，E 是动能与势能之和。这质子必定要穿过这势墙才能到核外。在势墙内（阴影区）总能量是小于势能，动能为负值了，这是不可能的。故质子穿不了墙。

按量子力学，求解 $U_合$ 的薛定谔方程，结果表明此质子在核外区域也是有可能的状态。就是说，此质子有可能到核外。

粒子在能量 E 小于势垒高度 $U_合$ 时，仍有"穿越"势垒的现象，称为隧道效应。

自然界中一些放射性元素、重原子核的 α（读音阿尔法）粒子衰变，就是隧道效应的结果。这里的 α 粒子即氦原子核带有二个质子和二个中子，与上面一个质子的原理相同。

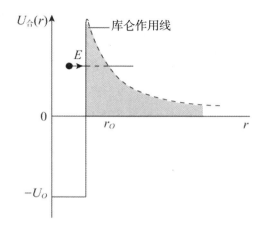

质子若是在阴影区内，动能将为负值（$E<U_合$）故穿不过

另外，金属中电子在强电场作用下发射出来的现象称为冷发射现象，也是基于隧道效应的结果。在电子科技应用领域，广泛应用的隧道二极管器件其机制就是基于隧道效应。

【观察与思考】

隧道效应现象，超出人们通常的认识。人们在头脑中想象不出这质子或 α 粒子到底是通过空间中怎么样的渠道，以什么方式跑出到核外的？在势垒中（图阴影区）难道能量不守恒了吗？

按现有的量子力学基本原理，质子或 α 粒子在阴影区，甚至在任意空间区，它的能量 E 不能写成经典力学那样为动能加上势能。因为，微观粒子体系的二象性，运动过程中具有波动性！经典力学的粒子，某时刻具有确定的位置和速度。位置决定了势能，速度决定了动能，故有确定的势能和动能。它的能量可写成势能与动能之和。而微观粒子体系（我们常称为量子，以后就以"量子"统称它们）具有波动性，在运动过程中，位置是不确定的（其实是没有"位置"！）。因此，势能也是不确定的。既然位置不确定，也就不能说它是"穿过"了势垒。以上解释总感觉有些牵强，想不明白这 α 粒子通过怎样的渠道，采取何种方式，跑出到核外的。作者我倒要反问了，何谓渠道？岂不是有意无意中把"α 粒子"在运动过程中已认定为是一个"粒子"了？有道路，就有位置！好吧，这问题留待以后再详述。这是爱因斯坦与玻尔学派争论几十年延续至今的世纪之谜啊！

七、激光原理简介

在能量适当的外界光照射下，原子可吸收此光波从低能级 E_K 状态跃迁到较高能级 E_m 的状态，称此 E_m 的状态为激发态。激发态是不稳定的状态，总想回到能量低的状态。有二种方式，一种是自发性地从高能级态跃迁回到较低能级态，称为自发辐射；另一种是在能量适当的外界光照射下，被引诱从高能级态跃迁回到较低能级态，这称为受激辐射。见下各图。

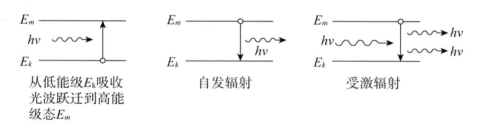

从低能级E_k吸收 光波跃迁到高能 级态E_m　　　　自发辐射　　　　受激辐射

其中 $h\upsilon = E_m - E_K$

如氢原子，激发态的寿命 $\tau \approx 10^{-8}$ 秒，很不稳定。吸收光子后很快通过自发辐射回到原来的稳定态。

受激辐射的特点是：受激辐射出的光子与原来入射的光子状态完全相同。包括能量、传播方向、偏振和相位。

如果某体系中有许多原子都处于某激发态能级，若外界恰好有能量适当的光照射，或体系中某一个原子自发辐射，则会诱发其他处于激发态的原子发生受激辐射而发出完全相同的光波。如同雪崩或链锁反应一样，从而在很短时间内产生出大量的处于相同状态的光波，成为单色性、方向性和相干性都很好的高强度光束，即激光。

微波量子放大器和激光器都是受激发射现象应用的仪器。前者工作频率在微波区，后者工作在可见光区。

很清楚，放大过程产生的条件是：

1. 要有大量的原子处于相同的激发态。并且寿命要长，称此激发态为亚稳态。

2. 处于较低能级的原子数要少，以便留有空位让高能态的原子回到低能态。同时也可避免使低能态的原子再次吸收光波跳到高能态，降低放大效应。可用多种方法来达到此要求。常用的方法是称为光激励（光泵）方式。就是用谐振腔式的电磁波不断地把原子激发到高能级态。其他还有气体放电激励（如脉冲氙灯）、化学激励、核能激励等。感兴趣者可参阅相关书籍。

现代科学技术各领域的发展都离不开量子力学的应用。从半导体晶体管产生到现在的大规模集成电路研制；核能的研发和应用；高纯高性能的化学材料和微观纳米材料；超级计算机的研制；航空航天科技；电子显微镜和核磁共振仪，CT 检查仪……都是量子力学所涉及的结果。没有量子力学就没有现代科学和新技术，也就没有当今信息化革命的新时代。

第三节　量子力学原理的基本假设

量子力学原理的基本假设有四条。由这四条假设引出了量子力学的全部理论和方法。

一、量子力学体系（即微观体系）的状态由一个波函数 Ψ 完全描述。从这个波函数可以得到体系的所有性质。它决定了对它做测量的可能结果的概率。

二、这波函数服从决定性的运动方程—薛定谔方程

$$i\hbar\frac{\partial}{\partial t}\Psi(\text{r},t)=\hat{H}\Psi(\text{r},t) \qquad (t \geqslant 0, \text{r} \in \text{全空间})$$

其中 $\hat{H}$ 是体系的哈密顿算符。

三、对体系进行由算符 A 所表示的力学量可观察量测量时，在得到本征值 A_i 的结果后，波函数也就成为力学量 A 的本征态（即所谓"波函数约化"或"波包塌缩"现象）。

四、在全同粒子所组成的体系中，两全同粒子相互调换不改变体系的状态（即全同性原理）。

【解释】

第一条假设中"波函数 Ψ 决定了对它作测量的可能结果的概率"，这是涉及量子力学最根本的问题：微观体系状态波函数 Ψ 到底是标明什么物理意义？下章详述。

第二条假设，在本章第二节中已讲薛定谔方程不是推导出来的，故也只能作为一个假设。

第三条假设中，关于力学量 A 算符与其本征值和本征态，记得在本

章第一节中讲到薛定谔方程的建立时，是考虑到微观体系既有波动性又有被测量后的粒子性，把经典力学中质点的哈密顿函数 H 人为地改变成算符形式 H，而建立了薛定谔方程。这哈密顿函数在经典的质点力学中就是体系的动能和势能之和，是体系的能量。求解薛定谔方程得到的能量量子化数值和状态就是哈密顿能量算符的各能量本征值和相应的能量本征状态。当哈密顿算符 H 中势能形式 $U(\mathbf{r},t)$ 决定后，这些能量本征值和能量本征状态也就定了。如在氢原子和原子结构稳定性一节中，讲到的原子能级和相应能级上的状态，就是原子的能量本征值和相应本征态。需要明白的是，所谓原子的能级和状态，实际上就是指原子中的电子体系可以有的能量和状态，其他的能量和状态是不可能存在的。

关于波函数的约化或波包的塌缩现象，这又是微观世界的奥秘之处，是量子力学中关于测量的问题。为了能说明白，我现在举一个简单实在的例子来说明。大家都知道氢原子是由作为核的质子和一个核外电子所构成的。由薛定谔方程决定了这电子可以处在某一能级的能量本征值上和相应能量的本征状态。假如在组成这氢原子家庭前，这电子体系是从其他地方产生，来与质子相遇，所谓千里迢迢来相会，欲与质子组成氢原子家庭，情况会是怎样呢？这电子因为是别处产生的，它的状态理论上是可以任意的，不是氢原子家庭所要求的能量和形状。但按量子力学的状态迭加原理，这跑来的电子体系形态可以看成是氢原子家庭所要求的各种形象状态的迭加组合而成的。这在数学上也是有根据的："任意一个函数可以看成是一套基本函数的组合"。如任意一函数可以按三角函数集展开。这任意形态的电子体系，若一定要与质子组成为氢原子，成为家庭成员，必定是要由原来以前的迭加形态变成为特定的形态—本征态。质子俘获了这一电子，可称作为测量到此电子。结果，把原来任意形象状态的电子（波包）变成为（塌缩成）现在家庭成员的特定状态—本征状态。

其实，这波包塌缩现象在我们日常生活中就常有发生。只是我们见多了反而不加注意罢了。差不多每个人都使用过收音机，要想收听某广播电台节目，必须要调整到此广播电台的频率。在收听节目中，常听到不知何处来的"沙沙"杂音。尤其是当附近有一电火花产生时，随你怎么调谐频率，总是有"沙沙"杂音。没有电火花，杂音也就消失。这杂音来自电火花！这是因为电火花产生的电磁脉冲可看成电磁波包在空间中传布。这电磁脉冲由数学物理分析，可看成是由各种谐振频率（即三角函数集合）波的迭加而成。故而收音机无论调谐在何处频率上，总能接收到相应此频率的电磁波。

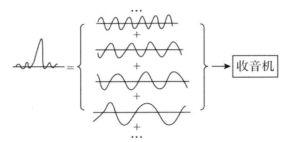

一个电脉冲（或波包）由一组谐波迭加而成

各种谐波合成的波包被收音机调谐到任一频率被接收到

【观察与思考】

以上的量子力学原理的基本假设，其中心就是围绕着二个主题。其一是微观体系在运动过程中的波动性；其二是观察或测量后显示的颗粒性。运动过程中的波动性完全由波函数 Ψ 完全描述。它是由薛定谔方程决定的。受到测量或观察时，波包塌缩，这波函数约化为观察的力学量的本征态，有了明确的测量值，得到确定的结果。最终，这微观体系显示为一个实体，被我们观察到了。

微观体系的波动性衍射实验现象中，微观体系从产生源出来，通过双缝后，由波的特性在空间中相互干涉，在到达探测屏幕前可还未被测量到时，仍然是弥散的波！一旦被屏幕探测到而被发现（当然是与屏幕上的物质原子相互作用后显示的结果），瞬间塌缩为屏幕上的一个斑点。三条基本假设大致描述了微观体系干涉衍射现象的整个过程，其波动性和颗粒性。

薛定谔方程还揭示了光波、电子和其他原子等微观体系的量子化特征，阐明了经典物理所不能解释的一些现象。（前已述）

微观世界的奥祕和真实景象，似乎已由这基本假设的量子力学原理所揭示。可是，人们并不满足于此而停止深入探究。毕竟，这三条假设有些违背常理，存在些疑惑难能理解。首先，这描述微观体系状态的波函数 Ψ 究竟指什么？体现出微观体系怎样的物理实在意义？

微观体系在受到测量时，波包突然塌缩，波函数 Ψ 变成为所测量的力学量的本征函数（本征态）超乎想象。好似《西游记》影片中，孙悟空被太上老君的宝葫芦突然收进宝瓶中。或阿拉丁神话中，魔鬼突然被神灯收入囊中。

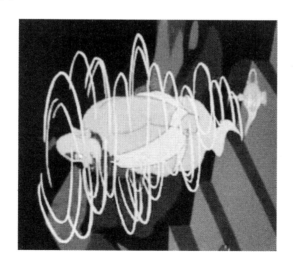

宝葫芦或神灯收妖

　　这与爱因斯坦狭义相对论的重要结论——一切物质的运动速度不能超过真空中光速——有相违背之嫌。再则，薛定谔方程又是人为建立的，不如经典物理中一些方程是由实验的总结而得出的，如牛顿运动方程、麦克斯韦电磁方程组等，总觉得有些不踏实。

　　不要说常人都认为量子力学神秘，深奥莫测难理解，就是一些头脑聪明绝顶的科学家，如爱因斯坦和玻尔，也为之争论了几十年，各自组成阵营，开会上台论战。可是，最终结果谁也说服不了谁，直至今日成为世纪之争。而量子幽灵、薛定谔猫更是把整个世界搅得不安宁。

第三章　爱因斯坦阵营与玻尔哥本哈根阵营的论战

第一节　波函数 Ψ 的物理意义？

【观察与思考】

　　首先，大家都很清楚，波形态与粒子形态是二个截然不同的形态。波形态是弥散性的。我们看到池塘中的水波，必定要较大范围来观察，总体才形成波的形象。就某一点看只是上下振动而言。当这一点振动带动邻近的质点振动而传播开去，就形成了波动影像。

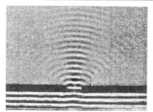
图 a 通过单缝的水波图

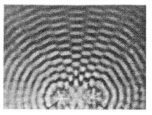
b 通过双缝的水波迭加

波形态还可迭加干涉。如二颗石子投入池塘引起的各自波动，可迭加和相互干涉（或双缝的水波迭加）。对水面上某一点来说，就是二个振动的合成。而粒子的形态则完全不一样。粒子它具有一定的大小，占据空间的一定位置后，其他粒子就不能再占据。我们往往忽略它的大小和形状，把它看作是一点，称谓"质点"。从而可以说此粒子在空间某处。

回首到光波或电子体系的衍射实验现象。以下只以光波为例讲述，电子等微观体系完全类同。从源产生并发射出来的光波，在空间传播过程中具有波动性。现在要问，光体系首先肯定是一种物质，那么在传播过程中达到双缝前，究竟是何种形态？是弥散型的波或是一段波列，还是占据空间一定位置的"粒子"或波包？

若是波或波列形态，则当然可以同时通过双缝，而后干涉迭加到达探测屏幕，突然塌缩（！？）于屏幕上某处！而且是从光源产生的一个一个相同光波塌缩于探测屏幕上不同的位置（视屏幕上何处测量到）！起初看似无规律的斑点分布，随着光斑点增多，在干涉波强度大的地方光斑点数密度大；干涉波强度小的地方斑点数密度疏小，在干涉波强度为零的地方没有斑点，光波体系决不去的。无论实验重复多少次，结果总是相同。在这过程中，不免有二个疑问。其一，干涉波到达屏幕之前是弥散形态的，一旦触及屏幕即刻瞬间塌缩为屏上一点的物质，这有背爱因斯坦的狭义相对论精神—物质运动的速度不能超过真空中光速！其二，无论实验重复多少次，光斑点数的分布规律总是按波的强度来分配。难道光波体系有主观意图，是有意识的？

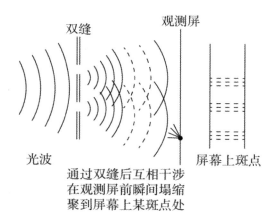

主观塌缩会聚到屏幕某处形成斑点？

若光波体系是"粒子"或波包形态，则也产生以下疑问。其一，它怎能同时通过二个缝？通过后又再自身互相干涉？其二，与若为波形态一样，有主观意图，别的粒子去过的屏幕处，少去光顾凑热闹。

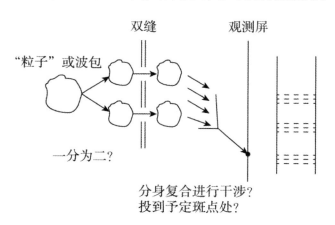

波包分身通过双缝后再合成干涉？

微观光体系既不能为弥散型的波态，又不能为"粒子"形态，那么波函数 Ψ 是描述微观光体系怎样的运动状态？其物理意义是什么？

第二节　玻尔哥本哈根阵营成员玻恩赋予波函数 Ψ 的概率解释

为了解释双缝干涉衍射实验现象，规避光波体系既不能是弥散波形态又不能是粒子或波包形态，哥本哈根阵营成员玻恩（Born）给予波函数 Ψ 的概率解释：

Ψ(x,y,z,t) 的绝对值平方 $|\Psi|^2$ 是与在 t 时刻在 (x,y,z) 处发现（即找到或探测到）粒子的概率成正比。

描写微观粒子状态的波函数 Ψ 是概率波！这样，既有了波的性质，又有了"粒子"的形态意义！它描述了光波体系在运动过程中的波动性质，可以同时通过双缝后并干涉。用屏幕来探测它时，干涉波在屏幕处的强度决定了光粒子出现的概率。虽然一个光子出现在屏幕上某处是随机的一个光斑点，但是经过很多次光子的探测，强度大处光子出现的概率大，故最后斑点数多，密集；强度小处概率小，斑点少。强度为零处概率为零，不会发现光子。无论是一次性强光即许多光子的双缝干涉衍射实验，还是弱光至一个一个光子的许多次重复双缝干涉衍射实验，二者实验现象的最终结果是相同的。因为统计规律一样。

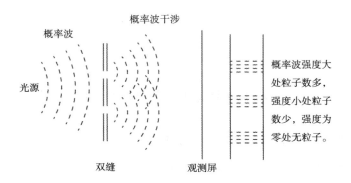

概率波干涉

概率波

光源

双缝　　　观测屏

概率波强度大处粒子数多，强度小处粒子数少，强度为零处无粒子。

干涉后的概率波到达屏幕，强度大处粒子数多，强度小处粒子数少，强度为零处无粒子。概率波的提出，回避了光波体系实在物质到达屏幕的瞬间塌缩，以致与狭义相对论的物质不能超光速运动精神的对抗。

第三节　二大阵营的论战

头戴物理学界掌门光环的爱因斯坦阵营主要成员有：

爱因斯坦 Einstein（光量子论和相对论开创者）1921 年获诺贝尔奖

薛定谔 Schrodinger（量子力学波动方程式建立者，"猫"的主人）1933 年与狄拉克共享诺贝尔奖

德布罗意 de Broglie（实物粒子也有波动性、波粒二象性提议者）1929 年获诺贝尔奖

玻姆 Bohm（隐变量理论的设想者）

波多尔斯基 Podolsky（爱因斯坦好友，合作提出 EPR 佯谬）

罗森 Rosen（爱因斯坦好友，合作提出 EPR 佯谬）

真有意思，赫赫有名的量子力学波动方程建立者薛定谔居然站在爱因斯坦一边，公然质疑和反对量子力学世界精神领袖一方。

头戴量子世界精神王冠的玻尔阵营主要成员有：

玻尔 Bohr（量子论开创之一，以哥本哈根精神掌控量子世界的领袖）1922 年获诺贝尔奖

海森堡 Heisenberg（提出测不准关系，建立量子力学的另一种形式矩阵力学）1932 年获诺贝尔奖

玻恩 Born（波函数 Ψ 概率解释倡议者）1954 年获诺贝尔奖

狄拉克 Dirac（建立狄拉克方程，证明薛定谔波动方程与海森堡矩阵力学等价性）1933 年与薛定谔共享诺贝尔奖

泡利 Pauli（发现不相容原理）1945 年获诺贝尔奖

费曼 Feynman（另辟蹊径创立路径积分理论来解释波粒二象性）
1965 年获诺贝尔奖

维格纳 Wigner（量子力学理论，对称性原理及其应用，核反应理论
及反应堆理论）1963 年获诺贝尔奖

照片 1927 年 10 月第五次索尔韦会议

台下在座的有来自世界各地的学者和观众。讨论会开始，首先由会
议主席物理学界元老洛伦兹宣布本会讨论的主题是"波函数 Ψ 的物理意
义和波粒二象性"。

［沉默片刻，爱因斯坦起身首先发问］

爱因斯坦：

波函数 Ψ 是精确地描写单个微观体系的状态呢，还是只描写由
许多相同体系组成的统计系统的状态？这统计性的解释有悖决定论
的常理。自然界必然有其决定论式描述。微观体系作为客观实在物，

在探测到它之前一定能对它做出不依赖于观测条件的精确而合理的客观描述。

［胸有成竹的玻尔很清楚爱因斯坦发问的意图。有礼貌地回答道］

玻尔：

波函数 Ψ 当然是精确地描写单个体系的状态。不然，在双缝衍射现象中，若发射源是逐一发射光子体系，就不会形成双缝衍射图了。

科学所关注的只是可观察的事物。对微观客体的描述，由于不可避免的测量干扰，每次观察都破坏了微观客体的行为，因此对它不可能同时做完整的形象化描述。如在单缝衍射现象中，若我们要精确地测量光子的位置，势必要把狭缝宽度缩小，甚至小到只容许光子刚好能通过，那就是光子的位置，以便降低位置的不确定性程度。这可用 Δx（即缝宽）量来衡量之。此时，Δx 越小，衍射性就越强，在屏幕上能探测到它的范围也就越广，这就是说光子的动量误差 ΔP 也就越大（因为动量是矢量）。如果降低衍射性以提高动量的精确度，势必要使狭缝宽度 Δx 增大，这样，光子的位置不确定性 Δx 就增大。所以，光子的位置和动量这一对物理量无论如何不可能同时精确测量的。这就是量子体系与经典物理学的经典粒子本质上的不同。对经典粒子，知道了某时刻的位置和动量（速度）就能推算出下时刻的位置和速度，以及将来。这在量子世界是不适用的。经典物理学的决定论在量子世界不起作用。

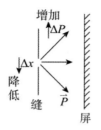
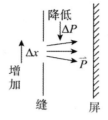

Δx 位置误差减少   Δx 位置误差增大
ΔP 动量误差就增加   ΔP 动量误差就减少

　　在理论上推导出微观体系具有零点能，换言之，就是在绝对零度，它的能量足以使它运动永不休止。这就是运动的绝对性！因此，无论在什么情况，粒子的动量和位置这一对物理量都不可能同时精确测定。

[海森堡立即起身补充道]

海森堡：

　　由量子力学原理，我已从理论上推导出数学关系式

$$\Delta x \Delta P \geqslant h$$

　　而且，不只位置和动量一对物理量有此关系，还有像微观体系的能量和时间一对物理量也有此关系式

$$\Delta E \Delta t \geqslant h$$

　　就是说，若要精确测量微观体系的能量，就不能确定是发生在什么时候。这也是常理。说某体系有确定的能量，其含义是此体系要求在无限长时间中始终保持此能量不变，才能得此结论。由我的测不准关系，我已创建了另一种形式的量子力学。这就是矩阵力学。它完全可与薛定谔的波动力学媲美。

［狄拉克随即附和着大声说］

狄拉克：

我已证明矩阵力学与波动力学完全等价。彼此互相可以转换。

［薛定谔的波动力学是连续性的微分方程。它描述微观体系状态随时间的连续演化过程。矩阵力学简单地说，类似于行列式运算，是把一些分列的元素按特殊的乘法规则所构建的矩阵代数。波动力学与矩阵力学之间的区别就像是波和粒子之间的区别，连续与间断不连续之间的区别。当用来解决同一个问题时，如原子的能级，它们各自给出的结果二者是相同的。其本质就是测量的结果二者所得一样。］

［玻尔显得非常得意，微笑地接着说］

玻尔：

粒子的行为受测量仪器的作用和干扰，因此不可能确定它在观察或测量前的行为，不能用形成知觉的空间和时间概念来描写。"波"和"粒子"二字眼，只是我们用日常语言所作的类似比喻。恰当描述只能用抽象的数学语言来全面表达。因此，波函数只是计算工具而言，没有客观实在性。我的爱将海森堡讲了量子世界的一个本质—测不准关系，这也是我的互补原理思想具体的数学表达之一。其实，任何事物的反映都有互补性质。譬如一枚钱币的正反两面，每次观察它只能观察到它的一面，要么正面，要么反面，不可能同时观测到正面和反面。只有通过正面的观测，再次观测到反面，钱币的整个行为才得以全面清楚。微观体系的行为也如此。当你用衍射实验观测它时，它就反映波动性；当你用粒子性实验（光电效应等）观测它时，它就是反映粒子性。不去观察或测量它时，对它就是什么也不知道。

在观察或测量之前，像电子这样存在于微观物理学中的物体，并不存在于任何地方，只存在于波动函数的抽象可能性之中。只有在进行观察或测量，当一个可能的状态成为"实际"状态时，"波函数消失"[指原来波函数消失——作者注]，所有其他可能性的概率变为零。

[作者我认为，用衍射实验观察微观体系的行为时，不但反映出微观体系的波动性（在运动过程中可以干涉），又反映出微观体系的粒子性——屏幕上斑点的显示]

[肃静的台下，听了玻尔的这番讲话，顿时躁动起来。互相窃窃私语交头接耳着。有附和声，也有质疑声。不知是谁发问道]

＊＊＊：

不去观察或测量就不知道它是什么，那么月亮不去看它时，月亮存在否？

……

[这时，法国王子德布罗意实在耐不住了，起身说]

德布罗意：

我不同意这虚无的解释。我有一个"导波"的想法。波函数就是代表一种导波。它起引导电子运动的作用。可形象地说，类似于飞机靠无线电波导航一样。或者是冲浪运动员靠波浪运动一样。运动员电子在波浪导波推动下，不断改变位置。不过，作为物理粒子的电子与这导波的二者关系，理论上的数学关系我还没得出结果。

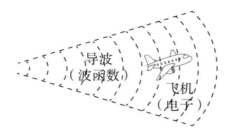

无线电导航

[薛定谔立即接着说]

薛定谔：

　　王子的想法有点意思，你把波函数 Ψ 看成是导波，不过还是属于一种假想的波。我认为波函数描写的不是虚拟的波，而是真实的物理场波。就像麦克斯韦的电磁场波那样。粒子实体"电子"是这 Ψ 波场集中积聚在某微小空间内所形成的"波包"。

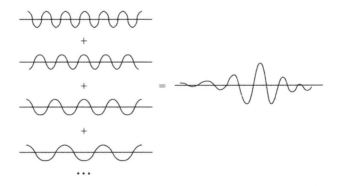

由一组波叠加形成的波包

　　粒子实体是波函数 Ψ 波场集中积聚在某微小空间内所形成的波包，如同上图一组波叠加形成的波包

［二人的发言遭到一些人的质疑］

王子的导波想法，当电子受导波的引导行进过程中，导波受到色散的影响与电子分离了，怎么办？

薛定谔先生的"波包"物质波理论也有如此问题。组成波包的不同频率成分波的行进速度，因色散也会各不相同。经过一段时间，波包也会散开不成波包。这怎么能保持粒子的稳定状态呢？再则，这波包在原子中的量子跃迁，又能如何解释？

［薛定谔这段时期正在与玻尔讨论关于量子跃迁的问题。都没有给出满意的答案。薛定谔为此焦虑不安，心情非常不爽快。此时又被刺到痛点，垂头丧气回到座位上。］

［爱因斯坦阵营个个沉思不言。只见爱因斯坦与薛定谔窃窃私语着，像讨论什么问题］

［玻尔方阵营见爱方无人出场发言，从中又跳出费曼先生，乘胜激昂发言道］

费曼：

关于量子力学的版本，我另有一套。就是我的"路径积分"版本。所谓电子的波动性，不过是概率幅 Ψ 迭加所造成的一种统计效果。电子只在接受测量时表现出微粒性质。从测量之前到产生结果的时刻，随时间演化的是概率幅 Ψ，而不是作为微粒看待的电子。因此，要问测量时发现的那个电子早先从哪里过来，这个问题一般是没有意义的。

在双缝衍射实验里，电子到底是穿过哪一条狭缝到达荧光屏的？有的人说是电子同时穿过二条狭缝，这不妥。作为微粒的电子可以同时穿过两条狭缝，太难以想象了。我认为是概率幅 Ψ 同时穿过两条狭缝。遵从因果律的 Ψ 仅提供了对系统演化的描写。它既不是实在的物理波场，更不是反映电子微粒的轨道踪迹。由我的路径积分理论，用把一切可能路径的概率幅 Ψ 相加的方法，就可得出像电子这样的微观粒子出现在空间某处的概率。这也就是玻恩 Born 先生提出的关于态函数 Ψ 的概率解释。

［台下传来某人的发声］

费曼先生的概率幅迭加计算中，是不是有概率幅可超光速传播的假设？

［费曼笑吟吟回答道］

费曼：

概率幅是计算工具，又不是物理实在，超光速传播有何不可？

［与薛定谔窃窃私语良久的爱因斯坦，这时站起来发话］

爱因斯坦：

我仍然相信可以建立一个现实世界的模型。就是说，可以建立一个理论来反映出事物的本身，而不是仅仅只能反映出事件发生的概率。物理学是描述现实性。只有通过物理描述，我们才能知道它，认识它。物理学完全是对现实性的描述。这种描述可能是完整的或可能是不完整的。现有的量子力学理论在具有确定性的地方只给出概率，这个波函数就不能成为事物真实状态的适当描述。一个局限于统计规律的理论只能是一个暂时的理论。

[玻姆起身接着说]

玻姆：

目前的量子理论之所以是一个统计理论，是因为还存在着还未被发现的"隐变量"的缘故。单个微观客体的行动规律，正是由这些还未被发现的隐变量来确定的。若能找到这些隐变量，就可以准确地决定对微观体系每一次测量的结果，而不是出现结果的概率。

当初爱因斯坦给出布朗运动的解释就是例子。花粉颗粒在液体表面做无规则的布朗运动，原来是由于大量的看不见的但是真实的液体分子碰撞花粉的结果，大家才恍然大悟。这大量的看不见的液体分子就是隐变量。

[在哥本哈根解释中，测量仍然是一个未得到解释的过程。因为在量子力学的数学中，没有表明过，由于测量，使波函数在什么时候和什么地方消失。玻尔解决这问题的办法只是宣称确实可以进行测量。但从没有给出解释。

其实，玻尔从来没有被任何数学形式体系束缚住，局限住。他始终试图去理解数学后面的物理内容。在探索量子概念的过程中，比如波粒二象性，他更关注的是去理解这些概念的物理内容，而不是仅仅数学。玻尔认为必须找出一个方法来，以便对诸如原子过程进行完整描述时，能够容许"粒子"和"波"的共同存在。对他来说，将这两个互相矛盾的概念调和起来，可能是对量子力学进行连贯的完美的物理解释的关键。]

［台下时而传来附和赞同的声音，此时维格纳起身道］

维格纳：

如果人们想用量子力学方程来描写测量过程，人们就必须分析客体和测量仪器之间的相互作用。运动方程允许对客体状态由测量仪器反映的过程做出描写。对客体的测量问题就这样变换为仪器的观察问题。可是，对观察的完全描述必定仍然是不可能的。因为量子力学的运动方程是因果性的，并不含有统计要素，而测量则含有统计要素。

量子力学理论有两部分：运动方程和观察理论。运动方程决定一个体系的量子力学状态 Ψ——状态矢量——随时间的变化；观察理论是用状态矢量 Ψ 给出对体系做观察所得各种结果出现的概率。

量子力学的功用在于给出相继做观察所得结果之间的关联。放弃“实在的确定”是量子力学的最自然的认识论。状态矢量 Ψ 只看成是一种数学工具。

［狄拉克接着起立说］

狄拉克：

我说的要点是，我们只计算概率。我们不能从已给的初始条件计算出准会发生什么。这就意味着，解释只能是统计性的，没有经典力学的决定论。在基础物理学中我是反对不确定性的。可是，在量子力学中我必须接受不确定性。因为目前我们还不可能有任何别的办法去做得更好。可能在未来的发展中，我们将能够回到决定论。但是，这只能在抛弃别的什么东西，抛弃我们牢牢坚持的“某种其他偏见”之后，才能办到。

［狄拉克所指的"某种其他偏见"没有明确表示。大家不妨猜想］

我只是说，如果你对物理学的基本定律中有不确定性感到不愉快，你并不孤立，很多人有此感觉，我也有。薛定谔和爱因斯坦一直很反对它。但是我们必须接受。就我们目前知识范畴来说，它是我们所能办到的最好的一个。

［爱因斯坦实在忍耐不住了，表情比较严肃，大声道］

爱因斯坦：

上帝是不玩掷骰子的！

［在会议期间，爱因斯坦与玻尔在下榻的酒店大厅中就餐时，常常边喝着咖啡，边嚼着面包，就有关因果性、决定论和概率及认识论等问题进行讨论，交换思想观点。由于爱因斯坦的相对论和在量子论方面的卓越贡献，他的声誉之高，已成为理所当然的物理学界领袖和旗手。为捍卫物理大厦的尊严和自己的信仰，他决定要与玻尔为首的哥本哈根学派交锋。爱因斯坦是举世公认的思想实验大师。凭他的丰富想象力，经过一晚上的酝酿，清晨就想好一个新的方案来挑战测不准原理和哥本哈根解释的一致性和完备性。

这一次，爱因斯坦提出了单缝衍射思想实验。他走向黑板，画了一条线表示一块有一小条缝的遮光屏，又画了一直线代表照相片说］

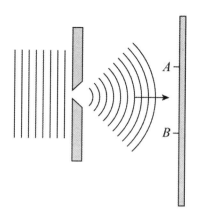

玻尔后来对爱因斯坦的单缝衍射实验的再现

爱因斯坦：

　　若波函数是描述单个光子或电子体系的行为的话，当光子或电子打到照相板上的 A 点这一刻，在 B 点或其他地方的概率就会瞬间受到影响，波函数瞬间消失。这意味着某种类型的因果关系传播是超光速的。这违背我的狭义相对论。A 点发生的事件［指光子或电子打到 A 点］是在 B 点发生的另一事件［指 B 点处的波函数消失］的原因，那么它们之间必定有一个时间流逝使信号以光速从 A 点传播到 B。量子力学没有描述这一过程，故是不完备的。若波函数描述的是对大量的光子或电子的行为，这是"集合体"的信息，并不是代表单个光子或电子的信息。因此，不代表在 A 点发现某个特定光子或电子的概率，而是代表在该点发现集合体中任一成员的概率。因此是一个"纯粹统计"的解释，它也是一个不完善的理论。

　　［听了爱因斯坦的讲述，玻尔、海森堡和玻恩窃窃私语交流着。隔了好一会，不愧为辩论大师的玻尔站起来说］

玻尔：

我想说的是我们是在处理一些数学方法，这些方法适用于描述我们的实验现象。在您的思想实验中，是假定了遮光板和照相板在空间上是固定的，有明确的位置。这意味着它们的质量应是无限的。因为只有这样，当电子或光子穿过狭缝并在照相板上出现时，才能确定它的位置。但是，现实的遮光板不可能无限重的。当光子或电子通过裂缝时，遮光板仍然有移动。正由于这种移动，在衍射的过程中，光子或电子在空间的位置就不确定了。这引起动量和能量相应的不确定。因此，在我们的测不准原理限定的条件下，量子力学是对单个光子或电子事件所能达到的最完整的描述。

［玻尔并不直接回应爱因斯坦的质疑，而是从爱因斯坦的思想实验中找差，并重申自己的观点。当然，爱因斯坦没能被说服。第二天，他又带着改进了的思想实验与玻尔对论。在屏幕 S_1 和照相板之间扦入一个带有双狭缝的屏 S_2。说］

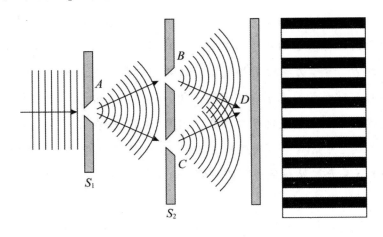

爱因斯坦的双狭缝思想实验，右边是得出的干涉条纹

爱因斯坦：

　　通过控制和测量粒子与第一个屏幕 S_1 之间的动量转移，有可能确定粒子是偏向第二个屏幕 S_2 的上面的裂缝还是下面的裂缝［根据动量守恒定律，屏幕 S_1 若在垂直方向上是向下移动，则从 S_1 裂缝中通过的粒子必是向相反方向，偏向 S_2 屏幕上面的裂缝 B。反之是下面的裂缝 C——作者注］。再根据粒子打在照相板的位置和二个屏幕的动量，就可能同时确定一个粒子的位置和动量。而不是测不准关系所限制的那样。

　　［所谓思想实验，是不必顾忌测量仪器设备的测量精度，因为这是仪器设备的问题。也即理论上可无限制的精确测量。玻尔、海森堡、玻恩、泡利等人，彼此你看我，我望着你，对爱因斯坦的这一质疑，真有点不知所措。］

　　［爱因斯坦微笑着回到自己席位上。收到来自保罗·埃伦费斯特的一张纸条，上面写道："这回够他们受了"。爱因斯坦回条道："谁知道多年后谁笑到最后呢"。］

　　［时间已近会议结束进晚餐的时候。会议主席物理学界元老洛伦兹迅即宣布今天会议到处结束，祝各位晚上休息愉快。］

　　［晚餐后，闷闷不乐的玻尔与海森堡和泡利等人，一起讨论分析爱因斯坦的双缝思想实验。玻尔肯定，量子这魔一定暗藏在实验的细节中。玻尔毕竟是玻尔，他还是从爱因斯坦的论证中寻找漏洞。第二天会议开始，玻尔走向黑板，画上自己设计的可移动的第一个遮光屏示意图，慢条斯

玻尔设计的可移动的 S_1 遮光屏

理地说]

玻尔：

当粒子穿过屏 S_1 上裂缝 A 时，遮光屏面向上还是向下移动，需要通过刻度的观察。首先，粒子通过裂缝时转移给屏 S_1 的动量若能精确测量，则根据测不准原理，屏 S_1 或裂缝的位置就存在着不确定。从而粒子的位置就存在不确定。其次，读刻度需要照明。用光束照明时，光子在屏上的散射使得粒子通过裂缝时转移给屏 S_1 的动量无法精确计算。也即干扰了屏 S_1 或粒子位置的测量。再则，双狭缝干涉实验中还存在这样的奇异现象：如果两个裂缝中有一裂缝通过快门关闭，干涉条纹即刻消失；只有两个裂缝都打开时，干涉才发生。可是，一个粒子只能通过一条缝，它怎么"知道"另一条缝是开着还是闭合的？

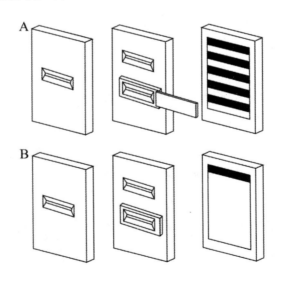

双狭缝干涉实验
（A）两条纹都是开的；（B）一条纹是闭合的

　　这只能说明，当一个粒子具有明确的路径时，这种（干涉）事情就不会发生。正因为如此，粒子是没有确定的路径的，才出现干涉条纹。尽管它是一次一个通过双狭缝屏幕的粒子，而不是波。这就是量子恶魔。它使"粒子"尝试各种可能的路径。它"知道"二个裂缝是开的还是关的。从而不管裂缝是开的还是关的，都影响到粒子将来的路径。

　　如果在两条裂缝处安置一个检测器，查看粒子是通过哪个裂缝时，势必干扰粒子的原始各种可能的路径。因此也产生不了干涉条纹。这与关闭一个缝的结果一样。

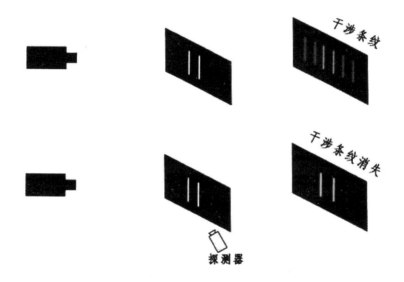

　　由于现实世界的量子力学特性，光既不是粒子，也不是波。它有时表现为粒子，有时表现为波。这取决于所进行的实验类型。确定一个光子是通过屏 S_2 上哪个裂缝的实验（关闭一缝或安置检测器查看的实验）是一个用"粒子"来回答的问题。因此没有干涉条纹。

[爱因斯坦表情开始严肃起来,他无法接受玻尔的观点中无视"独立的客观现实"。但是对玻尔重申的观点和不确定关系始终保持的一致性也感到无懈可击。

在玻尔的解释中,认为测量仪器设备是和研究的对象密不可分地连接在一起的,不可能分离开。微观物体如光子和电子等受量子力学定律的支配,仪器却遵从传统的经典物理学定律。玻尔将测不准原理运用到宏观可见的物体(屏)上,强行将日常的大尺寸物体运用到量子领域,与微观体系等同考虑,道理是欠缺的,也是无可奈何的。因不知道宏观与微观之间的界限分界线在何处。

在然后的会议期间,大家仅作一般性的讨论。爱因斯坦仅简单的表明自己的态度——"上帝是不玩掷骰子的"——反对概率解释之外,几乎不再说什么。他认为,量子力学还不能像玻尔所宣称的那样,已是自然界的基本理论。

所有与会者都下榻于大都会酒店。装饰高雅的大厅提供了极佳的供大家聚会共餐和讨论的场所。德布罗意是一名贵族,只会讲法语。他看到爱因斯坦和玻尔在大厅中非常投入,有时还显得有些激动的交谈。海森堡、泡利、埃伦费斯特等人聚在周围关注地听着,因为他们说的都是德语。

海森堡后来回忆道,就是在会议中间休息的时候和午餐时间,玻尔和我们这些来自哥本哈根的年轻人,一直在进行讨论。下午的晚些时候又进一步的讨论后,玻尔的心底才有了充实感,提振了信心,想好了第二天回应爱因斯坦的方案。每一次玻尔以测不准原理回驳爱因斯坦的思想实验,爱因斯坦都无法从中找出破绽。但是都知道,爱因斯坦内心是不服的。]

[已到会议结束时,会议主席洛伦兹宣布本次会议圆满闭幕。三年之后,将再继续。对这次会议,参会者的心中大多认为玻尔是成功地阐明

了哥本哈根解释，其逻辑性是一致的。但是没能使爱因斯坦信服。

　　哥本哈根阵营内，玻尔和他的年轻伙伴们，尽管内部也存在分歧，但面对所有对哥本哈根解释的质疑，他们是始终保持着统一战线，同心协力研究反驳的对策。唯一的例外是狄拉克，他对哥本哈根解释已不再感兴趣了。

　　40年后，海森堡回忆道，那次会议就是玻尔、泡利和我确立了哥本哈根解释的正确性。]

　　[三年时间说短不短，说长也不长。爱因斯坦当年因为研究广义相对论而劳累过度，心脏肿大。上次会议又毕竟费思伤神，致身体不佳。在医生的全力医治和亲人的精心照护下，总算慢慢康复。经过短期的休养，感到身体已康复，又回到办公室，继续原来的生活作息，夜以继日工作。

　　他坚信在一个现实的世界中，自然现象有其客观的自然规律，是与观察者无关的。他也相信目前的量子力学理论有卓越成就，不过还不是最终的理论。他想到，宇宙是否存在最基本最根本的理论，在不同的条件下，演化为当前已知的各领域的理论定律？他开始了孤独的"统一场论"之旅。也想以这理论来证明因果性和独立于观察者的现实性及自己的信仰。这种执着的追求真善美精神和毅力是他人所不能及的。不愧领袖风范，旗手德行。当然，与此同时他仍将继续挑战正在成为量子主流和正统的哥本哈根解释。]

　　[玻尔岂能休闲？！这三年中，玻尔又反复回忆爱因斯坦提出的思想实验，进行再次研究。并且设计出自己的一些思想实验来更好地为自己辩护。谁知道这次爱因斯坦将带来什么呢？嘿嘿，这次是玻尔从未想到的！]

　　[会议如期召开。这次大会盛况空前，仅邀请书就发出了34封。有12名诺贝尔奖获得者，全是物理界精英。还有未请而来自世界其他地方的学者和观众。甚至竟有乘"时空机"从未来赶赴此时此地凑热闹者。]

[可惜洛伦兹已去世，大会由物理界元老法国人保罗·朗之万任会议主席。这次会议的主题早已满天飞，爱因斯坦与玻尔就量子力学的意义和现实性的本质，展开第二回合的较量。]

[爱因斯坦早在收到邀请函前，已想好一个新的思想实验。他走进会场，带来了一个"光盒"。]

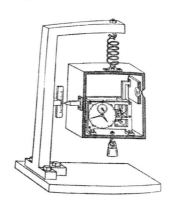

光盒

爱因斯坦：

这是一个充满光的盒子。右边有一个可开可关的小孔。盒内有一时钟连接一个机构可控制小孔的开或闭。实验室中有另一个时钟与盒内时钟同步。时间可控制极短，恰好允许一个光子通过小孔放出。

知道某一时刻放出一个光子后，测出盒子前后的重量差，也即知道了放出的光子的能量。这样，这个光子的能量和它跑出来的时间都能精确知道了，而不是测不准关系。

[台下一片叫好声，玻尔意识到麻烦来了。一时惊呆了。

本书前面已讲，关于量子力学测不准关系时，除了不能同时测准一个光子的位置和动量这一对互补量外，还有能量和时间这一对互补量。上次会议中，爱因斯坦提出的思想实验是挑战动量和位置的测不准关系。这一次改变方式，是挑战能量与时间的测不准关系。在某一精确的时间，知道放出的光子质量 m，由相对论得出的公式 $E = mc^2$，也就精确知道了光子能量！时间和能量都能精确得知，不存在测不准关系。妙极了！

　　科学上的思辨，是要十分严谨的，不能随口说说了事。非经过深思熟虑，反复推敲，还是先不说为好，不然容易出漏。]

　　[大会主持人宣布答辩人考虑后答复。接下来进行另一议题，有关物质的磁性方面的论文宣读和讨论。]

　　[比利时物理学家里昂·罗森菲尔德（Leon. Rosenfeld）回忆那段情景道，玻尔惊呆了，一下子想不出有什么解决方法。玻尔，整个晚上闷闷不乐，一会儿走到这个人身边，一会儿又到那人身边，听听看哪位有何看法。想从中找到自己的灵感。]

　　[这几日，在走向会场或回大都会下榻住处，甚至在朋友家里，玻尔常与爱因斯坦在一起讨论着。]

　　[玻尔还是采用原来的战术。整个不眠之夜，反复研究爱因斯坦思想

实验中的每一个细节。他深知一定能找到破绽之处。既然是要对光盒称重才能知晓跑出的光子能量，那就集中考虑称重这一个细节。支架，弹簧，标尺刻度，指针上下移动……。突然，灵光一闪——光盒移动！光盒重力改变！重力即是引力的作用。时钟引力的改变！根据爱因斯坦的广义相对论，对时间的测量就有影响！这一点，现在恰恰在爱因斯坦自己的思想实验中被忽视了。广义相对论是爱因斯坦最伟大的成就。是集科学哲学思想，物理直觉形象和数学技巧结合的大成。世上真正能懂得方程，理解物理内涵的人不多。甚至非专攻的物理学者也难窥其容。因此爱因斯坦被世人所共认与牛顿比齐的伟大科学巨人。

玻尔得到了解脱，松了口气，上床睡了一会，睡梦中还挂着看到明晨希望的微笑。]

[第二天，玻尔比平时早早起身，脑中不时地反复思考和推敲着回击爱因斯坦质疑的思路。满怀信心地步入会场。众人见玻尔面带笑容神态轻松，知道有好戏看了。]

玻尔：

重力的时间膨胀是您爱因斯坦广义相对论的思想结果。我理解到，在一个房间内引力的不同。地板上的时间要比天花板上的时间过得慢。时钟嘀嗒的速度也取决于它在重力场中的位置。因此，在重力场中移动的时钟比一个固定的时钟走得要慢！这样，当光盒称重时，因位置的移动，势必影响盒内时钟的计时，就不再与实验室中的固定时钟同步了。也就不可能对光子跑出小孔的时间作精确的测量。此光盒实验无法同时精确测量光子的能量和跑出的时间。测不准原理依然正确。

[台下顿时掀起一片叫好声和掌声。现在是轮到爱因斯坦自己目瞪口

呆，沉默不语了。想不到最后结果恰败在自己手里。当然，有人仍对玻尔把指针、标尺、时钟与光子同等作为量子体系看待有质疑，持保留意见。可是爱因斯坦最终还是接受玻尔的辩论说辞。

玻尔并不以"成功"的辩论胜利而沾沾自喜。知道自己辩护的力量和自信是不足的。甚至他在去世的前一天晚上，还画着爱因斯坦的光盒思考着。]

[两个回合的较量都以玻尔捍卫了测不准关系和量子力学原理的一致性结束。爱因斯坦承认量子力学在逻辑上的一致性。但是他并未屈服，仍深信自己的信念。他需要改变策略，从量子力学的不完整性和"实在性"去发现缺口，来证实自己的看法：现有的量子力学还不是最后的理论。]

1962 年 11 月玻尔去世前一天在书房黑板上画的最后一张图是爱因斯坦的光盒。爱因斯坦是于 1955 年 4 月逝世的。他俩虽然阴阳两隔，但仍进行着有关量子力学和现实世界性质的争论，直到最后。

[这段时期，爱因斯坦与薛定谔常有书信往来，交流思想。在爱因斯坦身边也多了两个年青助手。一个是出生于俄罗斯的波多尔斯基

（podolsky），另一位是纽约人罗森（Rosen）。

爱因斯坦把自己的想法告知了薛定谔。希望薛定谔能提出自己的观点，施展他的魅力。而与二位助手在酝酿新的思想实验武器。不久，由三人联名完成了一篇惊世杰作，甚至八十多年后的今天，仍然是掀起物理界、哲学界滔天波浪的源头。这就是以三人名的头一个字母冠名的EPR 佯谬。题目是："量子力学所描述的物理现实可以认为是完全的吗？"

薛定谔自上次会议后，他保持着与爱因斯坦和玻尔及其同僚的联系。在思想观点上已渐渐被哥本哈根学派解释所默化。但这段时期听了爱因斯坦的观念和新的思想实验介绍，又激发起重新研究哥本哈根解释的热情。在收到的信件中，爱因斯坦说，物理学完全是对现实性的描述，应该是在时间和空间上的现实性描述。这种描述可能是完整的，也可能是不完整的。爱因斯坦还举了两个例子：

其一，有两个可封闭的盒子 A 与 B 和一个球，把球放到其中一个盒中。在未打开盒子观察前，每个盒子含球的概率是二分之一。若打开 A 盒，球在盒里，则概率变为 1。而这时 B 盒的概率变为 0。反之亦然。在现实世界中，这球一定是在某盒子里。因此，在观察前，每个盒子里有球的概率二分之一的说法是现实情况不完整的描述。

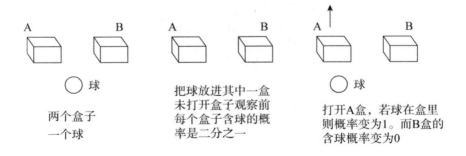

两个盒子
一个球

把球放进其中一盒
未打开盒子观察前
每个盒子含球的概
率是二分之一

打开A盒，若球在盒里
则概率变为1。而B盒的
含球概率变为0

再例，若有一桶不稳定的炸药，将在一年后的某时刻自发爆炸。波函数描述它时，开始是一个完全确定的状态，即一桶未爆炸的火药。但是一年后，这个波函数描述的是一种未爆炸状态与爆炸状态的混合态。在现实世界中，在未爆炸与爆炸之间没有中间的状态，要么爆炸，要么不爆炸。所以这个波函数不能成为事物真实状态的适当描述，是不完整的。

薛定谔经过深思熟虑，既然玻尔他们能把日常所见宏观物体与量子体系一起等同考虑，我也可循此道，以其人之道，还治其人之身。我来养一只"猫"！

这下，玻尔及其同僚们可有得受了。既要面对爱因斯坦的"幽灵"，又要相视薛定谔的"妖猫"。能应付得过来吗？谁输谁赢真不好说了。最后有赢家吗？]

[只见薛定谔右手提着一只箱子，左手牵着一只猫，走至台前中央，把猫放进箱里，合上盖，对大伙说]

薛定谔猫

薛定谔：

在这密闭的箱子里，有这一只猫。箱里还有一个放射性原子核和一个装有毒气的容器。我已设计成这样的装置：一旦放射性原子核衰变放射出一个粒子，从而触发装置打开有毒容器杀死猫。设想这放射性原子核在一个小时内有 50% 的可能性衰变。根据量子力学，未打开盒子盖进行观察时，这个原子核处于已衰变和未衰变的迭加态，猫也处于一种"又死又活"的迭加状态。该状态可用一个波函数来描述。此波函数可由我的方程解出。

薛定谔猫的思想实验装置图

但是，如果在一个小时后把盒子打开，实验者只能看到"衰变的原子核和死猫"或者"未衰变的原子核和活猫"两种情况。现在的问题是，这个系统从什么时候开始不再处于两种不同状态的迭加态，而成为其中的一种状态？猫是死还是活？抑或半死不活？一旦观察者打开盒子观察，波函数会塌缩，迭加态的又死又活的猫也变成为是生或死的状态之一。

根据我们的看法和常识，猫要么是死的，要么是活的。取决于是不是有放射性蜕变。而据玻尔你们的认为，只有观察行动才能决定是不是有蜕变，只有观察才能决定猫是死的，还是活的。我和爱因斯坦都认为，如果不能对波函数塌缩以及对这只猫所处的状态给出一个合理解释的话，显然意味着量子力学作为现实世界真实状态的描述是不完备的。

［爱因斯坦微笑着，显得颇为得意。全场沉默了好一会，全被这种情景震魂未定。在物理学术界，论文会也好，其他各种公开场合的议论会也好，从未有人把微观物理议题的讨论怎么会能与宏观生物扯上关系。这是从来不曾有的逻辑思维啊？！总算，由维格纳来打破寂静，起身发言］

维格纳：

当打开盒子盖时，正是一个印象进入到我们的意识里，才使波函数改变。具有意识的人必然在量子力学中起着不同于无生命的测量工具的作用。我提议要探索意识作用于物质上所起的各种不寻常的效应。

［他的意思显然是知觉或意识会影响对原子客体的量子行为的描述］

只指观察的结果，并不一定就否认在观察的背后有真实的什么东西存在。量子论不同这实在打交道，只同观察到什么的概率打交道。

［玻尔随即附和道］

玻尔：

我说过，观察和测量与被观察的对象是密不可分的。人既是观众，又是演员。量子力学完全反映了事物进程，是得到大量实验支持的。我承认，自然界定律是否完备地决定着事件，还是仅仅在统计上决定事件，并不直接涉及人的自由意志问题。

[到了现在的时候，围绕量子力学的争论已不再是基本理论中有什么矛盾，不一致的问题。而是趋向对其认识论和世界是否实在的哲学观讨论了。

在哥本哈根学派成员内，也出现认识分歧。甚至玻尔与海森堡观点也存在差异。就是玻尔本人也曾多次修改过自己的观点论述。

各位有兴趣的可参看本书所附二本参考书或其他著作。]

[台下有一位来自 1957 年的，在美国普林斯顿大学获博士学位的学者埃弗雷特三世（Everett Ⅲ）举手发言道]

埃弗雷特三世：

我的博士论文题目是"论量子力学的基础"。文中证明，量子实验的每一个可能的结果，在现实世界中有可能是实际存在的。用我的所有量子状态都可能存在的假定，可以得出像哥本哈根解释一样的对实验结果的量子力学预测。

对于被困在盒子里的"薛定谔猫"来说，在盒子打开的瞬间，宇宙会分开，出现两个宇宙。在一个宇宙中的猫死了，另一个宇宙中的猫仍然活着。观察者的结果是取其一。

[在随后的几十年间，多世界解释也广为流传。尤其是量子宇宙学家，认为这样的多世界解释可以避免哥本哈根解释无法回答的问题。就是什么样的观察能使整个宇宙，从无穷多个共存的平行的现实世界变为一个真实的现实的结果世界。对状态波函数来说，也即什么样的观察使迭加态的波函数塌缩成为其中的一个态，而其他态消失。按哥本哈根的

解释，需要有一个观察者在宇宙之外对它进行观察。但是，除了上帝没有这样的观察者。这也是量子力学中长期存在的测量问题。

薛定谔方程将量子现实世界描述为各种可能性的迭加，并赋予每个可能性一个概率，但不包括测量行为。在量子力学的数学中没有观察员，没有讲到波函数的塌缩。即在观察或测量时，从可能的状态变为实际状态时，量子系统发生突然的和不连续的变化。而在埃弗雷特的多世界解释中，不需要造成波函数塌缩的观察或测量。

虽然避免了观察或测量的问题，但随之而来的"无穷多个共存的平行的现实世界"概念，岂不与"上帝"的概念一样，又困扰着大多数的物理学家？

国际著名的英国物理学家斯蒂芬·霍金，他研究黑洞理论，宇宙起源大爆炸原理，著有名书"时间简史"，被这"妖猫"也折磨得头痛。甚至说，这该死的猫，死掉算了……。]

［台上台下一片寂静，还没有从埃弗雷特的狂想中回过神来，爱因斯坦手中拿着文稿很从容地走向黑板前对着众人道］

爱因斯坦：

我与波多尔斯基和罗森合作写了这篇论文。题目是：

"量子力学所描述的物理现实性可以认为是完全的吗？"

根据量子力学原理，我们提出如下的思想实验。两微观客体发生已知的相互作用后，成为相关联的联合态。这可由运动方程计算出。如光子对、质子对、电子对等一对相关联的全同粒子。由于总动量为零，一个相左，另一个必向右。虽然知道了这联合态，但是不能预言每个客体的量子态是什么。这只能通过测量才知道。待它们远离分开后，测定其中一个粒子状态。

因为它们是关联的，关联的形式知道，就能推算出另一个粒子的状态。对于这另一个状态的得知，并不是经过测量才知道的。产生这结果的原因有两种分析：

第一种，认定空间上分离的两微观客体有其相对独立性。其特征表现在对客体 A 的测量不会对客体 B 有直接影响。即各个空间区域中物理实在是局域性的。对客体 A 还可以选择不同的测量就可对客体 B 推算出各种不同量子态描写的实在状态。对 A 不同的测量打算，可推算出客体 B 不同的实在状态，这与未受干扰的客体 B 的独立性矛盾。就拿动量和位置这二个不对易的量来说，也可同时推算出是一定的。尽管这两者不能同时测量来确定。

［根据测不准原理，对一个粒子的动量和位置这二个量是不能同时测定的。然而，它允许精确地同时测量 A 和 B 两个粒子的总动量和它们的相对距离。从而，当 A 和 B 两粒子分离很远后，在不干扰 B 粒子情况下，由测量 A 粒子的动量和位置就能精确预言未测量未受干扰的 B 粒子的动量和位置。这就与 B 粒子不可能同时具有确定的动量和位置产生矛盾。——作者注。如下图

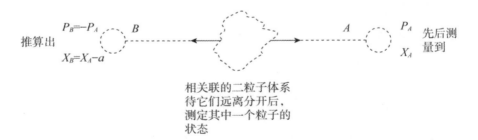

先后精确测量 A 粒子的动量和位置，推算出 B 粒子某时刻的动量和位置］

因此，量子态对物理实在的描述是不完备的。按玻姆所说，有隐变量存在。

第二种见解，若是认为量子力学目前理论是完备的，波函数给出的是实在状态的完备描述，那就意味着对 A 所进行的测量就要影响 B 的实在状态。空间上彼此已远隔分离的两个实在东西，存在着某种直接联系，我们称它为"幽灵"般的特殊关联。这种远距离的关联是与我的相对论精神——不存在超光速的作用——相违背的。

当然，我们的意见是选择第一种见解。

[旗手的思想和洞察力总是高出一筹。爱因斯坦试图通过证明量子论没有抓住的"现实性元素"，意思是如果一微观系统未受任何干扰，那么就存在一个物理现实性元素，如位置、动量等等，来反驳玻尔哥派的量子力学是完备的论断。

EPR 思想实验的关键是避免直接观察粒子 B。A 与 B 二客体相离甚至可以是 n 光年，彼此绝不受干扰。

EPR 论证的中心思想是爱因斯坦的局域性假定。即不存在某种神秘的、可瞬时的超远距离作用。在某一空间地区发生的事件不可能在瞬间超光速地影响另一地区的另一事件。

前二次的论战回合，是围绕测不准关系。玻尔以观察或测量行动都要干扰被观察对象，从而无法精确测量另一个物理量来反驳爱因斯坦，侥幸取胜的。由现有的量子力学理论，没有禁止在彼此互不干扰情况下，从测量 A 的动量 P_A 得出有关 B 的精确动量 P_B 信息。又从 A 和 B 的已知相对位置 a，测量 A 的位置 X_A 从而推算出 B 的位置 X_B。这二个推算出来的动量和位置是现实性元素，就是代表了粒子 B 的物理量。如果量子力学理论不承认这一点，那么也是不完备的。]

[爱因斯坦的 EPR 论文，早在一个月前已发表于《物理评论》杂志上，立即引起了玻尔和其他同僚们的一片惊慌。泡利在写给海森堡的信中说，正是我们都知道的，这真是场灾难。罗森菲尔德在回忆中说：EPR

对我们好似晴空霹雳；在玻尔和我们商量答复的讨论中，越讨论越感到 EPR 思想实验的精妙。玻尔更是焦虑着急，他不时地向海森堡、罗森菲尔德等人询问，"你们明白吗？""他们是什么意思？"在这一个多月时间中，玻尔不做其他的事情，整天专注这问题。

对爱因斯坦的二种见解，取哪一种？或是都不取？幽灵般的作用根本没有丝毫的证据，又违背相对论原理，当然弃之。另一种见解还可商讨来卫护量子力学的完备性。爱因斯坦是围绕"物理现实性"这中心展开质疑的，玻尔也只能抓住此核心来为量子力学辩护了。]

［首先是海森堡起身道］

海森堡：

　　由于我们的观察所产生的量子效应，对于要观察的现象自动地产生一定程度的不确定性。

［紧接着］

玻尔：

　　"现实性元素"的准则，当用于量子现象时，这个准则本质上是含糊不清的。我们不反对 EPR 根据测量粒子 A 得到的知识来预测粒子 B 的可能测量到的结果。从测量粒子 A 的动量能推算出粒子 B 的动量，但是这并不意味着这个动量就是粒子 B 的一个现实性的独立的元素。只有当对粒子 B 进行了"实际的"动量测量，才能说粒子 B 具有的动量。在测量作用前是不能断言的。

　　我们也可认为，因为 A 和 B 在分开之前曾经相互作用，它们就永远作为一个系统的一部分，并纠缠在一起，不能单独处理为两个分开的粒子。测量 A 的动量实际上等于对粒子 B 进行了直接的同样的测量，使得 B 立即有了明确的动量。至少，或多或少对粒子 B 产生了瞬间的"影响"。

上述二种情况中任一种，都会对"物理现实性"准则的定义产生影响。因此我们认为，EPR 作者得出量子力学的描述本质上是不完备的结论还没有根据。

爱因斯坦：

上帝的把戏似乎很难看透，但我从不相信上帝在掷骰子。也不相信有"心灵感应"的设备。物理学应该是代表时间和空间的现实性，不存在远距离的幽灵般的作用和影响。

[量子力学的哥本哈根解释与物理现实性的存在是矛盾的。玻尔也清楚这一点]

玻尔：

没有真实的量子世界，只有抽象的量子力学描述。根据我们的解释，粒子没有独立的现实性，在它被观察之前不具有性质。

帕斯库尔·约旦（Pascual Jordan）（著名德国物理学家，与玻恩、海森堡等人共事合作发展量子力学和量子场论的数学形式）：
没有独立于观察的现实性，我们自己产生测量的结果。

薛定谔：

对分开的二个系统所做的测量，不会直接相互影响。否则就不可思议了。

玻尔：

不管怎样，量子力学完全反映了事物的进程，是得到实验支持的。

[有关量子力学解释的争论，至此已成为有关"现实性存在吗？"的哲学信仰的争论。玻尔宣称"不存在真实的量子世界，只有抽象的量子力学描述。物理学的任务不是要找出自然界是怎样的，而是我们对它能说些什么"。而爱因斯坦则坚信自然界存在因果关系的独立于观察的现实性。并由此来评价量子力学。他也明确表示，量子力学在逻辑上是一致的，是从力和物质的基本属性概念得出的正确理论，但是还不完整。我们对一个真实的独立于任何感知行动的真实世界，的确还不了解。

有些人认为，爱因斯坦始终不肯接受量子力学的哥本哈根解释，故是一个守旧的人。如果真是这样的话，哪会有相对论？爱因斯坦相信有些原有的经典物理概念将不得不被新的概念代替。他也一直拼命地寻求改变物理学。但对于坚定的信仰，也要有坚定的追求精神。他后来的整个岁月，就是在探索着完整描述现实世界的"统一场论"。他希望有一个比量子力学更根本性的革命。

玻尔，以有爱因斯坦这样的量子论辩论对手高兴。真因为有了这样的对手，才丰富了自己的哲学世界观。后来尽管爱因斯坦已不在，当他思考物理学中的一些基本问题时，他首先想到的是爱因斯坦会怎么说。若没有这样的对手，玻尔会觉得寂寞吗？！玻尔赞美爱因斯坦是牛顿以后最伟大的物理学家。说他的成就是丰富的，超过文明历史中任一个人。他又是一位科学的艺术家。爱因斯坦的笑容永远是那么慈祥，友善。]

[本次会议只有开始时间，没有闭幕日期。二位科学巨人的争论，并没有因巨人的去世而结束，乃一直延续至今。]

【观察与思考】

EPR 佯谬的中心思想是爱因斯坦的局域性假定，即分离性原则。二个实在的体系，起初通过相互作用纠缠在一起，而后相向分离很远，甚至光年距离。因此，彼此有独立性，应当表现为对其中一个进行测量不会对另一方有直接的干扰和影响。在第一次会议中，爱因斯坦所提出的单缝衍射和双缝干涉衍射思想实验中，也是认为光就是"光子"通过了单缝或双缝中的一个缝来挑战量子力学的测不准关系。在爱因斯坦看来，光就是"光粒子"。他所发现的光电效应现象就是铁证。客观实在的微观体系物质形态，要不是"粒子"（或波包）就是"弥散波"（或波列）。而"弥散波"形态的物质塌缩（观察或测量到的总是"粒子"形式的。正如光的衍射实验中，屏幕上形成的斑点所显示那样）会违背相对论精神。因此，在爱因斯坦看来，量子力学就是关于"量子"的理论。也就是关于"微观粒子"的理论。这"微观粒子"是客观实在物，在观察或测量前，它应当有确定的物理性质，如位置、动量等，故而可以进行完全的描述。因此极力不同意单个"粒子"的统计性解释，即波函数的概率性解释。

玻尔的哥本哈根精神，即对量子力学原理的解释，从赋予波函数 Ψ 的概率解释，就是默认了微观体系是"粒子"性的。"概率性"就是对"粒子"而言的。可是，一个实在的"粒子"怎能同时穿越二个相隔宏观距离的狭缝？又怎能通过后再互相干涉影响？为了体现微观体系的"波性"，只能是以数学形式而无客观实在的"概率波"来描述。观察或测量所产生的结果，引起的塌缩，也就只能在量子力学原理中以假设来提出，以避免与相对论精神相抵触。故是以"虚的概率波"和"实的粒子"相结合，来体现出微观体系的波粒二象性。

玻尔与爱因斯坦的"粒子"观念所不同的是，爱因斯坦的"粒子"是一个观察或测量之前就客观存在的"粒子"，具有确定的性质，如位置和动量；而哥派是认为在观察或测量后才知这是明确的真实的"粒子"，在未经过观察或测量之前，尽管是客观存在的物质，但不清楚有什么性质，是不可知的。测量"粒子"性质（如位置等）的手段所使用的仪器设备与被测"粒子"客体是密不可分的。"粒子"性质的显示是由观察或测量所定。从而也就有了测不准关系。并最终认为没有一个客观的真实的量子世界！

对爱因斯坦的分离原则，哥本哈根学派是既不反对又不同意。二个原本纠缠在一起而后分离很远的客观实在物质，怎么能直接相互影响呢？但从量子力学数学形式看，恰又是彼此难分难舍，测量其中一个必然要影响另一方。一旦经测量确定了一方的物理量，另一方也变为确定。最后的结论也就是不存在真实的量子世界，只有抽象的量子力学描述。在测量的问题上，测量何以会引起波函数的塌缩，以何种数学形式显示，哥派没有解释，而是作为量子力学基本原理假设提出的。

爱因斯坦与玻尔哥派围绕量子力学原理的争论，根源的症结还是在微观体系的形态——波粒二象性——"波性"和"粒性"的如何统一！

第四节　裁判员贝尔不等式

对于 EPR 这样精妙的思想实验，当场各位谁也无法做出评论和正确的判断。会议陷入暂时的休止符。在沉默期中，玻姆对爱因斯坦三人的思想实验稍作变动，把原来实验中需要测量的二个物理量——动量和位置——改成为一对粒子的自旋二个分量——向上和向下。因为，从实验的可操作性上，测量粒子的自旋方向比起测定粒子的动量和相对位置来说要容易得多。尤其是对于光子，实验中产生也较容易，可进行大量的重复性试验。原来的 EPR 思想实验步入到原则上可实际操作，付诸实施的实验。成为如下：

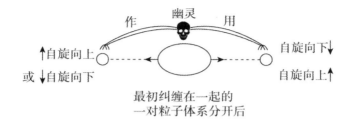

测量纠缠粒子自旋幽灵作用

　　一对通过相互作用而关联的粒子，如光子对、电子对等，原本这光子对系统总的自旋量为零。当这关联纠缠的二粒子相向分开，并远离，由量子力学原理，在测量前，左边的粒子自旋可为上，也可为下；右边的粒子也一样，在测量前自旋可为上，也可为下。这一对关联粒子的综合状态可写为

　　Ψ =（左粒子上旋和右粒子下旋）+（左粒子下旋和右粒子上旋）

　　但是，一旦测量其中一个，如测得左边粒子自旋为上，则右边粒子从而同时确定自旋必为下。若测得左边粒子自旋向下，则右边粒子从而同时确定必为上。换成测量右边的粒子也一样。这就是说，任意测定其中一个自旋必瞬间影响到对方的自旋量。这种远距离的超光速影响，就是爱因斯坦所称的"幽灵般"作用。根据爱因斯坦的分离原则，也即定域实在论原则，是不可能的。而按照量子力学原理，存在着这"幽灵般"的影响作用，即非定域性的。

　　谁是谁非？如何判断？辩论会从休止符变为再进行时。

　　爱尔兰物理学家约翰·斯图尔特·贝尔（J. S. Bell）于 1964 年，他发现了一个数学不等式，后来称为贝尔不等式或贝尔（Bell）定理，可用来决定爱因斯坦与玻尔两个对立的哲学世界观谁对谁错。他从可分离性假定出发，即一方探测器的测量结果不会影响另一边探测器的测量结果，对关联粒子分开后的两个粒子，在不同方向上自旋分量进行多次测量，

由概率论的数学推算，得出一个数学不等式。若测量结果数值在这不等式预测的范围内，则可分离性假设成立，爱因斯坦获胜。若测量结果超出不等式预测的范围内，则可分离性假设不成立。即一对纠缠粒子尽管互相分离很远，仍存在关联。一方的探测器测量结果会影响到另一方探测器的测量结果。就是说，测量其中一个粒子的自旋状态时必定影响到另一个粒子的自旋状态结果。量子力学的超距离影响作用存在。

贝尔定理唤醒了正迷惘恍惚的所有参会者。

贝尔：

我从可分离性假定出发，通过对于给定的左右二个自旋探测装置，分别多次测量电子对分开后各自电子的自旋分量，并在自旋探测装置不同取向上反复实验。经过概率的数学推算，可得出一个数学不等式。它表示出二组自旋探测器在某些取向时，可区分出量子力学的预测和可分离性假设的预测不同结果。如果测量结果是违背我的不等式，即测得的数值超出不等式所示范围，表明电子对分开后的二个电子的自旋相关程度大，它们仍有超距的关联，可证实量子力学的预言——超距作用——的存在。

贝尔提出的可实际操作的实验对象是采用电子对。电子对的产生是相当困难的。故要完成贝尔的设想还有难度。不久，美国加州年轻物理学家约翰·克劳泽（John Clauser）于1972年利用较容易产生的光子对做测试工作。他们通过加热钙原子，使钙原子中的电子激发到一个较高能量态。由于不稳定，电子从这高能态先发射一个光子回落到一个较低能态，继而又发射一个光子回到基态。这级联式回落中发射出的二个光子就是一对纠缠光子，称级联光子对。一个绿色，另一个蓝色。

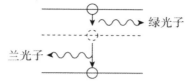

钙原子中电子受热从
基态激发到高能态

激发态电子二段式回到基态
发射出一对纠缠光子

（注意：此示意图表示了二个纠缠光子对的
　　　总动量为零。并不表示绿光子一定
　　　是向右传播的）

这二个光子向相反方向发射，被一组的左右二探测器"同时"测量它们的极性。共有两组探测器，第一组的左右探测器相对方向成 22.5 度；第二组的为 67.5 度。经过 200 多小时的测量，光子对相关性的数量的确违背贝尔不等式。

1982 年，法国物理学家阿兰·阿斯佩克特（Alain. Aspect）与他的合作者，利用当时最新的技术，包括激光和电脑，进行测量纠缠光子对的光子极性相关性。

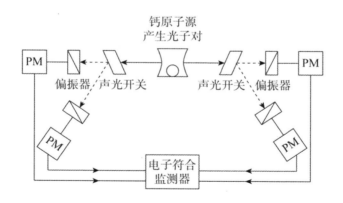

Aspect 实验装置示意图

从钙原子源发出的级联纠缠光子对向左右两侧飞出。经过相等距离约 6 米后，各自到达一个声光开关。这二个声光开关独立，并且随机地把接收到的光子分别投给各自的两个方向安置的偏振器。放在偏振器后面的四个光电倍增器 PM 将接收到的信号送到电子符合监测器，相符合的才计算数。设备中各仪器的作用是这样：

声光开关：可在极短时间内（约 10^{-8} 秒）控制光子通过与否。这一时间比光在仪器内传播时间短很多，保证在一侧的检测操作不影响另一侧，以免除系统的影响。

偏振器：一侧的二偏振器测定两个自旋方向上的光子，与另侧的二自旋方向上的光子相比较。

光电倍增器 PM：把光讯号变为电讯号输出，给以放大便观测。

电子符合监测器：左右二讯号相配的才计算。可测量一方的光子自旋两个分量与对方光子的自旋二分量相配的数。因此记录的是这一光子对的两个光子在两个自旋分量上的彼此相关联的数。

由于光子对产生的数量和测量的速率有了极大提高，数据成功率和结果显示就因此提高很多。实验结果正如 Aspect 所说的，结果强烈地违背贝尔不等式，与量子力学符合得很好。

在 20 世纪 70 年代，各国物理学家不同的实验团队，各自完成了总共十多项的检验贝尔不等式的实验工作。主要有三种类型的实验。一是原子的级联辐射产生的两个光子偏振关联，即类同克劳泽的实验。二是由电子偶素湮灭而产生的两个 γ 光子对的偏振关联。即两个电子相撞后转化为一对光子的实验。三是两个质子相遇散射的自旋关联，即质子—质子散射实验。这些实验结果大多数都表示违反贝尔不等式，支持量子力学预言。后两种类型实验，由于实验条件所限，不再继续开展。迅速发展起第一种类型的光子实验。继 Aspect 以后又逐步发展起不仅两个光子的关联，甚至是多个光子的关联纠缠实验。

大量实验已证明量子力学预言正确，这是不可辩驳的事实，玻尔为胜方。量子世界存在"幽灵般的作用"，与爱因斯坦的可分离性、现实世界客观存在的世界观矛盾。结论如玻尔所说的，量子世界在被观察揭示之前是不存在的，没有客观现实性。

著名的美国诺贝尔奖得主理查德·费曼（Richard. Feynman）在1965年爱因斯坦逝世十周年时说："我想我可以有把握地说，没有人理解量子力学。"

1999年7月，在剑桥大学召开的国际量子物理会议上，在接受调查的90位年轻物理学家中，只有4位赞成哥本哈根解释，30位赞同埃弗雷特三世的多世界观点，而有50位"不置可否"。

不存在一个客观现实世界，存在无数个平行的宇宙，当观察者进行观察时才变为一个真实的现实结果世界。而这个观察者只能是上帝，不可能是平行宇宙中的人。明明我是由父母生下来到这现实的世界上，怎么在其他无数个宇宙中也有我的分身？然后，他人看到我才变为真实世界中的我。这些思想和概念难以理解被接受。况且，在哥本哈根解释中，测量仍然是一个未得到解释的物理过程，没有说明波函数什么时候和在什么地方塌缩消失的。因此，大多数物理学家还是想探索比量子力学更深的理论。也有不少人同情爱因斯坦的信仰。如诺贝尔奖得主理论物理学家杰拉德特·霍夫特（Gerard't Hooft）说："一个理论产生的答案如果是也许的话，这个理论只能是一个不精确的理论，宇宙是确定的。"又如，探索纠缠的著名物理学家尼古拉·吉辛（Nicolas）认为，肯定量子理论是不完整的。再如，数学家和物理学家罗杰·彭罗斯（Roger Penrose）说："我强烈地支持爱因斯坦信念，量子力学是不完整的。"

第四章　论战的问题症结和解决途径

第一节　论战的问题症结

　　爱因斯坦与玻尔哥本哈根二大阵营关于量子力学原理的论战，由贝尔不等式定理裁决玻尔为胜方。论战大会结束的帷幕似乎可以启动。可是，非定域性"幽灵"的作用，不存在客观现实世界等等一系列概念，仍困扰着大多数物理学家。会议支持人是宣告会议到此胜利圆满结束呢，还是要继续进行？或休会待日后再举行？正当不知所措之时，突然听到从场外传来一阵跑步声，随后见一年长者由门进入。此人穿戴与在场各位不同，一见脸面就知是东方人。且手里拿着一本书，书名细看似乎是"因果论"。只见他迅即跑到嘉宾主席台前，双手拱拳，敬对主席团嘉宾和所有参会者作揖，并称："各位先辈和智者，我来自东方。我在场外聆听了各位的思想观点，深思之下，能否容许我斗胆也说上几句？"大家一看，不知此人是何时从何地来到场外观会的，有些惊愕。原本显得稍许骚动的会场顿时寂静下来。会议支持人也从彷徨犹豫中回神过来。连声说："可以，可以。我们的会议宗旨就是讨论量子力学原理，各抒己见。科学是没有疆域的，思想是不分种族的。真理是全人类的共同财富。每个人都可充分表达思想观点。欢迎来自东方的使者。"台下附和声："我们也都来自世界各地，既是讨论会又是聚会。真理面前人人平等。"

　　使者先对着掌门人深深一鞠躬，说："我最崇敬的伟大掌门人，您好！您追求真善美的精神和意志永远激励着我。真善美已成为我的座右铭，时刻陪伴着我，鞭策着我。"随后又转身向着量子世界国王一躬说："尊敬的陛下，您的智慧令人敬佩。您的雍容大度、谦逊品德和领导才能，是众人学习和模仿的榜样。"接着又向台上其余嘉宾和台下众人深深一躬后说。

各位智者先辈，你们好！你们都是当今世上一流的科学家和学者，为着量子力学原理和波函数的物理意义分成二大阵营论战着。我为你们追求真理的精神所折服。我仔细聆听了各位的思想观点，深思后发现各种见解都有一个共同的源点，出发点。就是把微观体系，诸如光子、电子、质子等体系都认为或暗喻着是以不变的"粒子形态"而存在的。掌门人的观点是显然的。客观性、分离性和定域性无不以"粒子性"为前提。而陛下阵营的波函数概率解释，概率性本身就是对"粒子"而言的。虽然，微观体系在未受到观察或测量之前所具有的波动性是十分明确的事实，但不能就此认为是波的形态存在。因为，受到测量后塌缩成"粒子"会与相对论精神抗争。可是又不能认为微观体系在受到测量前就是"粒子"形态，是"粒子"就有轨迹，就有了定域性和客观现实性。概率解释成为量子力学理论不完整性和有隐变量存在的争论焦点。最后的唯一结论就只能是微观体系既不是波又不是粒子，不存在客观的量子世界，波函数也只能是数学计算工具了。

对于量子纠缠关联的现象，在未对纠缠体系作观察或测量之前就认为这结对的二"粒子"微观体系已经远离分隔开了，从而"幽灵般的作用"成为我们面前越不过的坎！

［稍作停顿，接着说］

能不能换一种思考方式呢？微观体系在受到观察或测量前的波动性显示，就是物质波形态，当受到测量时被塌缩在测量区域，显示"颗粒性"，即我们观察到的所认为的"粒子"呢？可以的！

尊敬的掌门人，若是我正确的领悟您的相对论精神的话，您的"物质运动速度极限是真空中的光速"是说，大到宏观物体，小到微观"粒子"，整体的运动速度绝不会超过真空中光速！因为，电动力学是基于电磁现象的实验总结。现实中物质就是以量子体系为最小物质单位的。因此，由实验现象总结得出的麦克斯韦方程组，是以量子体系为最小单位的客观规律总结。真空中的"光子整体"运动速度才是极限速度。像电子等客体，作为"整体"的运动速度也不会超过真空中的光速。因而，若认为微观体系在被观察或测量前是物质波的形态，当受到测量时，瞬间塌缩，而显示为"粒子"性，这种塌缩是量子体系内禀性质，可不受狭义相对论精神的约束，不互相冲突！

测量使波函数约化，是量子力学原理的基本假设之一，因为不清楚波函数的物理意义。假如，波函数就是代表微观体系的物质波分布函数，波形状态是可以任意变化的。测量是一种相互作用，它的量子化相互作用结果可以使波形状态产生变化。这种变化就是正交归一化的作用变化。也就是波函数的约化变化。因此，波函数就是微观体系的物质波分布函数的思想，给我们看到了曙光。测量使波包并缩、波函数约化，有理论依据吗？有！就藏在薛定谔波动方程中，就是波动方程中虚数 i 的物理意义！

第二节 "和平使者"的调和剂和一些问题的诠释

一、薛定谔波动方程中虚数 i 的物理意义和物质波的提出

由于对薛定谔方程已熟视无睹，而忽视了方程中虚数 i 的物理意义。原本薛定谔方程在数学上的分类是属于抛物类型，即输运的物理类型。抛物类型方程有一个特殊性质是，某处变化的扰动可以瞬间传播并影响

到整个空间！而方程中的虚数 i，把描述输运的物理方程变为描述波动的物理规律。**也就是说，薛定谔方程是描述扰动传播速度可无限大的波动规律。但这并不违背相对论精神，因为是微观体系内禀性质。**这虚数 i 的物理意义，使我们有理由可以把波函数看成为微观体系的物质波分布函数，它的扰动影响有瞬间传播到整个空间的性质，能使微观物质体系瞬间变化形态，起塌缩作用。那么，波函数的塌缩又如何与测量的概率联系起来呢？

二、波粒二象性和测量新释

所谓测量，是测量的宏观仪器中微观体系与被测微观体系相互作用，经过连锁放大成宏观效应而显示的结果。不能简单地认为是整个宏观仪器与微观被测体系的相互作用；而是宏观仪器中大量的微观体系与弥散状的被测微观体系物质波的相互作用。当这大量的欲测量微观体系中，恰好其中某微观体系符合测量条件，由于它的出现能瞬间传播作用影响到整个空间，量子化的作用使被测微观体系就塌缩于这测量体系的区域内。按量子力学术语，即被测微观体系的波函数突变而成为确定的状态。这也正是波的正交归一化结果。量子化的作用结果，使被测体系量子性塌缩于测量体系区域内，显示了我们所观察到的"颗粒性"。这就是被测微观体系的"波粒二象性"！

正由于组成宏观测量仪器的大量微观体系具有统计性，造成了符合测量条件的概率性。这概率性在我的论文"波粒二象性和测量问题"中，证明了恰好就是被测微观体系波函数的概率 $|\Psi|^2$。这是波函数所表示的被测微观体系塌缩成颗粒的概率，也就是波函数的概率解释。这概率性并非是微观体系主观的意志，而是测量条件的结果。在测量的意义上，也受决定论支配。

要是说量子力学还有什么隐变量存在的话，那就是构成宏观仪器的大量微观测量体系的统计性。是这些大量微观测量体系与被测体系相互作用，最终是哪个微观测量体系致使被测体系塌缩为颗粒的统计性。

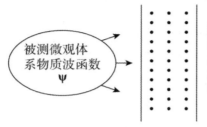

被测微观体系物质波函数ψ与符合测量条件的微观测量体系状态ψ*相互作用，被塌缩成"颗粒"的概率|ψ*|²即是|ψ|²

在现实的日常生活中，我们用收音机收听广播电台，就是用调谐的方法，把收音机调谐到所要接收的电台的频率，是相同的道理。

三、双缝干涉衍射现象解释

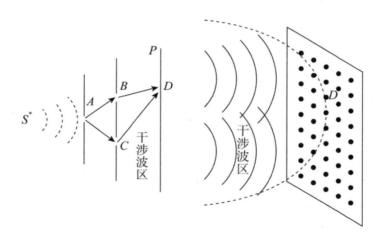

双缝干涉衍射示意图和形象示意图

从源 S 发出的光波体系，经过缝 A 到达双缝。因为是物质波形态，可同时通过双缝 B 和 C 后成相干波。干涉后到达测量屏，并与屏幕上大量的微观测量体系相互作用。被其中恰好符合测量条件的 D 处某微观测量体系测量到，塌缩于这微观测量体系的 D 处区域内，屏幕上显示为斑点。即我们认为的测量到被测"光粒子"。

打一个比喻，好似我国《西游记》影片中，大圣孙悟空被太上老君的宝葫芦突然收进宝瓶中；或是阿拉丁神话中，妖魔突然钻进神灯里。

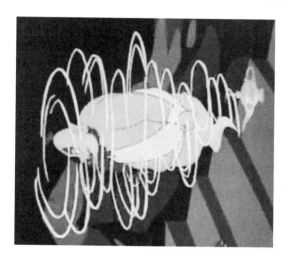

妖魔瞬间钻进神灯中

测量屏幕上大量的微观测量体系具有的统计性，即大量宝葫芦或神灯的统计性，致使被测量体系塌缩的概率性。这就是当今所谓的被测体系波函数的概率解释。

被测微观体系状态物质波函数的连续性演化表现出体系的波动性。当对它做出位置的测量后，塌缩于测量体系所占据的区域，发生了不连续的变化，即状态波函数突变，成为定域性波包，即显示为颗粒性。这是量子化的测量结果使被测量体系呈现颗粒性。这就是被测量微观体系的波粒二象性和状态波函数变化的二象性。前者是物理性质描述，后者

是数学上形式表述。

波函数是微观客体物质波分布函数，是对微观客体实在的描述；这种物质波由薛定谔方程中虚数 i 的物理意义，表明它具有内禀的塌缩特性，当受到测量时会突然瞬间塌缩。但并不违背狭义相对论精神。由于塌缩的秉性，每次观察的确要破坏该微观客体的行为，从而对它不可能同时做完整的形象化描述，要受到测不准关系的约束。微观体系物质波及其受到测量而塌缩的性质提出，既维护了物质世界客观性的主张，又使得量子力学成为一个完整的理论，是掌门人爱因斯坦信仰与玻尔哥本哈根精神之间的调和剂。因果规律是宇宙普适的绝对真理！

我是一个和平使者，调解人。

四、量子跃迁图像

微观体系的波函数就是微观体系的物质波分布函数，这使得原子的跃迁图像显得十分的清晰。所谓原子的能级跃迁，是指核外"电子"的能级状态的变化，现在即是"电子云"状态的变化。以氢原子为例。处于基态的电子云分布是球状对称的。当它吸收相当的光波体系被激发到高一能级状态的同时，电子云变为哑铃状。反之，处于第一激发态的哑铃状电子云，发射出能量为相应二能级差的光波后变为球状电子云的基态。

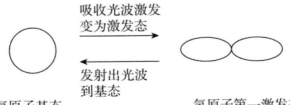

吸收光波激发
变为激发态

发射出光波
到基态

氢原子基态
$n=1$ $l=0$ $m=0$
球状电子云

氢原子第一激发态
$n=2$ $l=1$ $m=1$
哑铃状电子云

尊敬的薛定谔大人，您最初认为波函数就是真实的物理场波的思想是多美好啊！但是因顾忌如何聚集为"粒子"实体，而添加进"波包"一举，从而错失良机。反又被原子中的电子跃迁所困扰，再不能举步。我所做的工作，并非是我的独创，我只是借用您的成就，发现了您的方程中虚数 i 的重要物理意义，就此展开了我的思想而言。

五、评"薛定谔猫"

还有您的"猫"，我也想说上几句。由于您的"猫"已经搅得世界非常不安宁。实际上，当放射性元素衰变放射出"粒子"被探测器探测到，打开了毒药瓶杀死猫，这一连串反应正是做了一次完整的测量。箱子里猫的死活情况结论已确定，与打不打开箱盖观察已经毫无关系。假如箱子很大，里面藏有众多人员，他们得到的事实结论就是原子核没衰变猫活着；若衰变了，猫就死了。与日常经验一致。无论在外面的我们是否观察，猫的状态必是生或死之一。

如果把放射性源等装置改换成一个具有自由意志的射枪手，猫的死活决定于此射枪手何时开枪。没开枪，猫仍活着；开枪，猫就死了。因果关系由射枪手决定，与盒外观察者打开盒子观察猫的生死状态毫无关系。箱外的观察员得到的仅是间接信息，不存在半死半活状态的"猫论"。

六、量子纠缠现象不是"幽灵"的作用，量子世界是客观现实并可以描述的世界

我先举一个例，看如何评说所谓信息的传递。类似于肥皂泡，在泡任意处用针尖一刺，整个即破。现假设有一个如地球般大的物质泡，其特点也是只要任一处被刺则整个即破。在这里，这一刺相应于在这一处做一测量。在这泡的东西二方向处各有一试验观察员。若东边的测试员刺破了此泡，即做了测量此泡的操作，使泡消失。西方向处的测试员即刻知道这是东边的测试员进行了测量操作。这能否称为是一种信息的"传递"？但并没有物质的传送。也没有相互作用的传递。

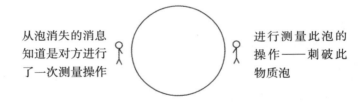

从泡消失的消息知道是对方进行了一次测量操作　　进行测量此泡的操作——刺破此物质泡

物质泡刺破作为信息的"传递"

对关联的量子纠缠现象与此类似。二个结对的"光子"体系，由产生后的波函数描述。是弥散分布于空间中的物质波。由量子力学理论，是分布于整个空间。这二个纠缠的"光子"体系，没有定域分离，且也不能区分。因为是全同性"粒子"。在左右二方向都各有成分，都可以被测量。一旦，右边测试员实施对自旋向上的"光子"体系测量并测量到（即自旋向上"光子"体系物质波塌缩为"光子"），则另一个光波体系也瞬即变化为自旋向下被左边测试员所测量。若是左边测试员先实施对自旋向上的"光子"测量，相应此自旋向上的光波体系塌缩而被测量到，则余下的只能是自旋向下的"光子"体系被右边的测试员所测量。任何一方的测量，势必瞬时影响到对方的测量结果。

这种"超光速"的"信息传递"并没有违背狭义相对论精神，也绝不是"幽灵"的作用。

量子世界是客观现实的世界，是可以描述的世界。

七、微观世界与宏观世界间没有不可逾越的鸿沟

一个自由电子体系是以实质波的形式弥散于三维实在空间中。同样，一个自由质子体系也如此。如果两者相遇，通过相互作用构成一个氢原子体系，此电子体系仍以弥散物质波形式定域于与质子体系相互作用场中。质子体系也如此。可以这么说，电子体系与质子体系彼此互相测量着，都定域在相互作用的场中。由于电子体系与质子体系都不是定域性的"粒子"，故构成的氢原子体系仍然是以实质波的形式弥散于三维实在空间中。其他的自由原子体系也同理。

由相互作用，电子、质子、中子等等体系构成原子核、原子体系并组成分子体系，继而分子集团系等，在集团里的每一个微观体系是与集团的其余体系相互作用着，以物质波的形式分布于作用场的区域中。即每一个微观体系都是被集团的其他成员测量着。无论是电磁场相互作用还是核力场相互作用，原则上可由薛定谔方程解得各分区域，结果是局域于通常所说的原子核、原子、分子等等尺度内。原子、分子等等微观体系成为定域性的"波团"和显示出所谓的"粒子性"。

所谓宏观物体的定域性，是指宏观物体具有一定的形状和大小的特征。在由微观体系通过相互作用构成宏观物体的过程中，随着系统物质增加，系统惯性随之增加。通常情况下，外界影响与内部的相互作用比较起来就越来越小。以量子力学的术语来说，对这整个系统所做的测量影响（即对这系统施以外部的作用所引起的扰动影响），也就越来越小，系统的定域性也就越来越明显。整个系统逐渐具有一定的大小和形状而成为宏观物体。正如我们通过光线观察宏观物体时，不会改变此物体的

大小和形状。从而感觉到此宏观物体具有定域性。

由不定尺度的微观体系，通过相互作用即我称谓的一种测量，构成具有一定尺度和形状的宏观物体，我称之为"测量成形"（Measure-forming）。

其他一些如隧道效应、全同粒子体系的交换积分的物理意义、范德瓦尔斯力的由来等等问题的解释，可阅我的论文。

最后，我敬献给诸位一首"量子颂"。

量子颂

神秘莫测非本性

独自性散波来行

待到人们观测时

缩成波团显粒性

—我就是量子—

散作波行聚成形

宇宙万物创造主

谢谢各位的静听。

东方和平使者对着掌门人、国王陛下深深一鞠躬。转而向其他嘉宾和参会者作揖。

会场寂静，还是寂静……

相视薛定谔大人的表情，从起初的惊愕、兴奋，转而似乎有点沮丧的神态，随后又变为喜悦，不时点头微笑着……

第五章　因果论

量子力学和相对论是现代物理学的二大支柱。现代的科学技术是建筑在这两大支柱之上。它们的正确性已毫不怀疑。但就是在这二大学科体系中，有些基本概念没能搞清楚，而引起不少人士甚至有些科学家对因果性的质疑。

质疑一：量子力学中波函数的概率解释，导致对微观物质世界客观实在性的争论和是否有决定论的描述。从而产生对因果性的质疑。

质疑二：根据狭义相对论，任何物体的运动速度最大极限是真空中光速。若有超光速的体系存在，则在这体系中所观测到的原物理现象就会产生因果关系的颠倒。

关于质疑一，以上四章节内容已完全释疑。微观物质世界是客观实在的、可描述的，它也受决定论支配。爱因斯坦的信仰是真理，仍然是我们观察事物的准则。

对于质疑二，我认为这是对狭义相对论的一种误解。分析详述如下。

在一惯性系中，有人点燃了一支火柴，从点燃直至烧尽。从点燃者来观察，这一系列的连续过程，后续的现象都是前因现象的结果，火柴从点燃开始，长度愈来愈短，直至燃尽。对于，相对于此观察者静止的其他观察者来说，观察得到的结果也是一样的。为了说明问题方便起见，我把在同一惯性系中相对静止的观察者所观察到的事件现象称为事件的本相或固相。认知都是相同的。不同地点静止的观察者所观察到火柴从点燃到燃烧尽的图像，是从点燃者处，以光传播的速度传来的图像。若用拍摄机拍下，则是一幅幅按光速传来的图像。

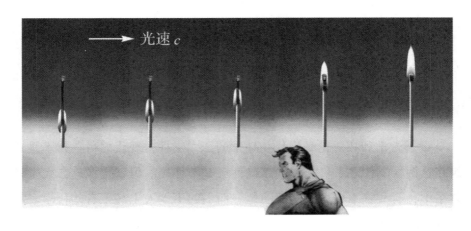

相对火柴静止的观察者观察到的火柴燃烧的过程相（本象）是向右传播的

现在假如有一观察者，相对此惯性系也即火柴作超光速运动。观察此火柴燃烧过程，观察的结论会怎样呢？

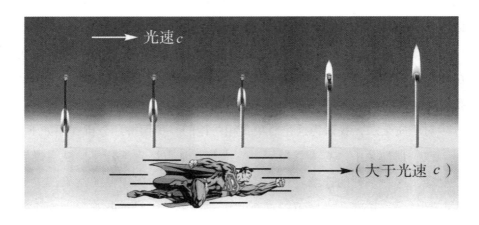

火柴燃烧传播图和超光速 V 运动的观察者

　　为叙述简单方便，我把相对于所观察的标的物做运动的观察者，所观察到的事件现象，称为事件的表象。在此，相对于火柴运动的观察者观察到的火柴燃烧现像图即为表象。

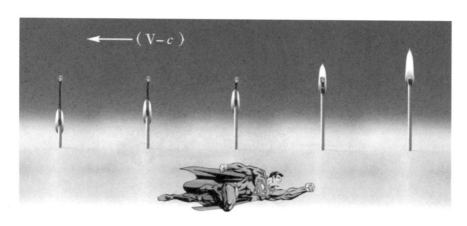

超光速 V 运动的观察者观察到燃烧火柴的过程相（表象）是以速度（$V-c$）向左传播的

　　由于超光速运动观察者比火柴燃烧图像传速大，二者相对运动的结果是观察者观察到火柴燃烧图像是向后退的[1]。正如在高速公路上行驶的车，我的车速比旁车道同向行驶的车速快，看到旁车是向后退的情况一样。火柴燃烧图像相对观察者向后退的现象，说明观察者先观察到火柴灰烬，接着见到燃烧的短火柴，较长火柴，最后是刚点燃的火柴。这连续的过程恰似倒映影片，一支火柴从点燃到烧尽的倒映。原来的因果关系是先点燃是因，最后烧尽成灰是最后的果。现在超光速运动观察者则认为先是灰，最后是点燃，为果。因果关系颠倒，谁是谁非？以谁为准？

1　在此，既然讨论超光速运动，就不存在狭义相对论所得出的一切结论和公式，也就只能按我们通常的经验和认知来讨论。

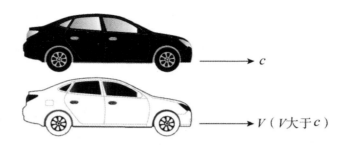

在高速公路上同向行驶的两车（本象）

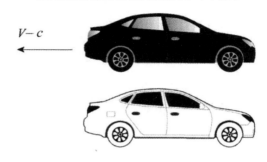

车速较快的车（白色）上观察者观察到另一车是向后退的（表象）

再来看火柴从点燃到烧尽为灰，整个过程的时间。假若，以点燃者来说是十秒钟，即本象的演变过程时间是十秒钟，向空间四面八方传播的本象演变过程图像长度是光速 c 乘以十秒钟，即 $10c$。那么表象呢？不同速度运动的观察者观察到的火柴燃烧过程时间是不一样的。假设观察者运动的速度是 V，图像相对观察者的速度则是（$c-V$），现在图像长度是 $10c$，则观察到火柴燃烧过程时间是 $\dfrac{10c}{c-V}$ 大于十秒钟了。把本象演变过程的传播图像仍比喻为在高速铁路上一列以光速运动的列车，在旁道同向行进的速度为 V 的观察者，观察这一列车经过的时间是变长了。V 若为零，即是本象演变时间。V 若为 c，这列车似乎静止不动，要通过的时间为无限长。相应燃烧的火柴似乎定在某个燃烧状态不变。V 在 0 与光速

c 之间，观察到火柴燃烧的过程时间不一样，即表象的时间是不一样的。

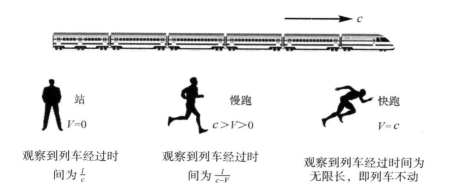

观察到列车经过时间为 $\frac{l}{c}$　　观察到列车经过时间为 $\frac{l}{c-V}$　　观察到列车经过时间为无限长，即列车不动

不同速度行进的观察者观察总长 l 的运动列车经过的时间不同

　　能真实反映火柴燃烧过程的实质现象，应以哪个观察者为准绳？只能是以点燃此火柴的观察者的本象为准。若没有此点燃者，则什么也没发生，而且他还可以控制火柴的燃烧过程，也可分析火柴燃烧过程中火柴的物质变化。表象是脱离了实在物，且受观察的条件不同而不同的。

　　从理论上的逻辑来说，认为超光速会引起因果关系的颠倒，这推理本身就犯了一个逻辑性的很大错误。这推理是根据狭义相对论得出的公式，而狭义相对论的建立恰是基于光速不变，而得出自然界中物质运动速度最大极限是光速，那会有一个理论得出的结果却反过来否定理论本身的基本原理，否定理论本身的基础？因此不存在超光速的有形实在独立物质的运动，并以此作为参照系。若认为是存在的，则狭义相对论不成立，也就没有此理论所得出的所有公式和推论。也就不能按狭义相对论得出的公式来讨论时间的反演问题。命题本身就不成立。

　　结论：以本象为准，因果关系仍成立，因果律巍然屹立。

再看现实中一例，在公路上有二部车，第一部车是主动牵引车，用绳子牵引着第二部车行驶。第二部车之所以前进是因为第一部车牵引它，被牵引着行驶是果。若现在旁道上有同向行驶的快速车，速度大于上二部车速，观察到此二部车是后退的。能说成是后一部车牵引着第一部车向后行驶吗？能说成是因果关系颠倒吗？

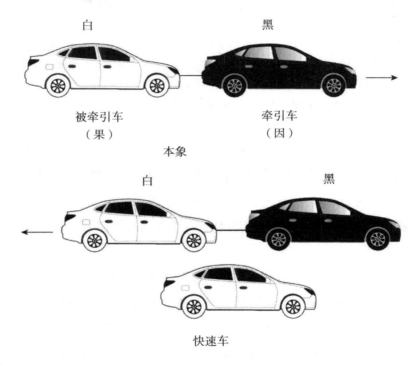

白　　　　　　　　　　　黑

被牵引车　　　　　　　　牵引车
（果）　　　　　　　　　（因）

本象

白　　　　　　　　　　　黑

快速车

同向行驶的快速车观察到二部车向后退（表象），似乎被牵引车拉着牵引车后退

因果关系是宇宙万物演变运动规律的基本法则。人类社会的发展及人生历程又岂能摆脱因果关系法则的管控？！

有兴趣者可参阅本人所著书"因果论"。

第六章　偶想随笔不是多余的话

关于量子力学基本原理几乎近百年的争论，不仅仅只是在物理学界中世界顶尖头脑的冲撞对决，也触发起其他学科领域和科技界的奇思异想。不少是浮想联翩，人云亦云，恰是以讹传讹。甚至连学者、科技工作者不辨真科学还是伪科学。有必要澄清一些误识。

第一节　量子纠缠是"全同性"量子间的特有现象；决不要误认为是任意粒子间都可能有的现象

量子力学中有一个称"全同性原理"的假设。意思是，对于所有的光子或所有的电子，它们是相同的。所有质子或中子等同类基本粒子也都如此。光子与光子、电子与电子、质子与质子等等相同类的量子间方可进行纠缠！光量子与电子是不同性质的量子，它们之间相互作用的结果，要不是电子吸收光子则就是散射光子。正如原子中的电子跃迁，光电效应等现象所示。绝不是"纠缠"。一个电子与一个质子相互作用的结果，可以构成为氢原子。这氢原子是复合粒子，谁能说氢原子是质子与电子的"纠缠对"？只有纠缠的光子对、纠缠质子对、纠缠电子对等等。

那么，为何只有"全同性"量子才有纠缠现象呢？这是因为它们的"相同性"，纠缠迭加在一起后，就分不清哪部分波函数成分是属于哪个"粒子"体系的！这又牵涉到量子的形态——波函数——的解释了。若把量子形态看成是"粒子"固有形态，就可区分开！为了使不能区分，量子力学中引进了假设——"对称性原理"——把二"粒子"状态波函数交换一下，总体系波函数状态不变。

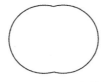
两个"电子"对混在
一起区分不了归属

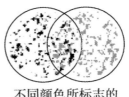
不同颜色所标志的
不同量子可以区分

二个电子对波函数交叠部分区分不了归属，不同量子用不同颜色可区分

在量子力学中，有一个称"交换积分能量的算式"（可参阅任一量子力学教本），它提供了体系的一部分能量。这个交换积分的物理意义，现有的量子力学教本是没有说明的。

若认为波函数就是量子体系的物质波分布函数，那么二"粒子"波函数的交迭部分就是物质波交叠，从而产生附加能！正如经典物理中，振动合成或波动合成结果同理。（见所附论文）

原子与原子间那更不能说有纠缠现象了。谁能说一块金属里面亿万个原子彼此是"纠缠"在一起的？分不清每一个原子？居然在网上看到有一则消息说，有学者科研人员在 Nature（国际顶级杂志《自然》）上发表《原子与原子纠缠》的论文。这绝对是谎言。

还有，社会上流传着这样的科幻猜想。说，利用量子纠缠现象，可把一个人瞬间传送到别的遥远星球上去，类似在星球大战科幻电影中所见的。绝对没有这科学原理。这仅是幻想式的娱乐而言。

第二节　量子保密通信卫星

自从 2016 年"墨子号"量子保密通信卫星的升天，抬头仰望量子"幽灵"，感慨万千。这是一项利用量子纠缠现象来实现绝对保密的通信工程。若是能实现，真不愧是旷世成就。将对国防和民生事业带来巨大影响。

首先，大家看了量子纠缠现象的实验和贝尔不等式检验装置等内容，要产生纠缠的光子对，这绝不是一般的光学实验室所能企及的。更不要说现在是把整个成套仪器设备安置在卫星上，升天后，既非人员操作也不是机器人操作而是通过地面上遥控实施。接着又要精准对着地面上相距上百成千公里的两地实验测试装置分发纠缠的光子对！[1]

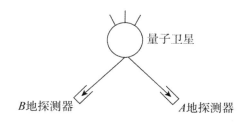

量子卫星分发纠缠光子对

这难度是不可想象的。我不清楚就没有发言权。但从原理上分析和技术操作实施可行性说上几句。这纠缠光子对一定是实在空间中的物质是没问题的。这纠缠光子对物质形态，要不是弥散的物质波纠缠，就是"粒子"间纠缠。若是弥散物质波分发到两地，不管多远总还是空间中物

1　据中央电视台播放的中科院关于量子通信卫星实施的通信模拟图和说明。

质波纠缠。若两地之间的空间是真空，没有任何其他物质，还能说可维持纠缠状态。但现在两地之间的空间中有大气、土地、建筑物和各种动植物，它们与光子对的相互作用不可避免，一定被吸收而使光子对退相干失纠缠。绝不会再存在或维持纠缠光子对的可能性。若是二个"颗粒"性的光量子对纠缠，那当然是"幽灵"的作用了。那就做一个甄别性试验。当纠缠着的光量子对被分发两地 A 与 B，把其中一处如 B 处的测试装置屏蔽起来，测量 A 处的纠缠光量子体系，看被屏蔽的 B 处被纠缠光量子体系是否同时性瞬间改变状态，成为由量子纠缠原理结果所决定的状态。

如果是否定的，那说明金属屏蔽罩阻断了 A 与 B 两处纠缠光量子体系的联系而失纠缠。"幽灵"的隔空超距离作用是不会被实在空间中的实物所阻断的。

如此脆弱的量子纠缠，哪怕任何一点外界的干扰影响，都会失去纠缠而消失。那么，想利用量子纠缠原理来实现量子通信的实际应用，其可能性和安全性会怎样呢？

我再次仰望夜空中的"墨子号"量子卫星，百思不出其真相如何。人们何时才能摆脱你这"幽灵"的迷惑？

第三节　量子计算机

要是说把量子通信比喻作"盾"的话，量子计算机好比是"矛"。前者是提供绝对保密的武器，后者是提供无所不能解密的武器。可谓量子纠缠产下的一对双胞胎。关于量子计算机进展情况，据近来的报道，既有称已取得初步的成果并开始实际应用，但另一个同样是世界商业巨头却说，道路还远着呢！笔者也曾询问过一些朋友，有的说早在五年前已经在某领域中得到了实际应用；可是另有说从未听说或见到相关消息报道。我真是迷糊了。但仔细想想，当今世界有关科技发展和成果已离不开商业利益，甚至还带有"政治"的色彩。真真假假，不足为怪。个人利益、集团利益甚至国家利益，也已纠缠在一起了。

通常计算机的运算是基于 0 与 1 二进制码的逻辑运算。而量子计算机对应 0 与 1 是纠缠态的联系数目。量子态的纠缠，随着光量子数的增多，其纠缠态也随着级数增多，从而使其运算能力超常提高。原理上如此。而且它又是整套仪器设备是安装于一个可密闭的空间范围内，比起胞兄弟量子通信先天强不少。不过，也非说说容易之事。首先，要产生多个光量子数的纠缠态难。是什么样的多个光量子纠缠态？如何确准？继而要维持纠缠更难。越多光量子的纠缠更容易受干扰。再则，纠缠的延迟时间是不会等待运算的时间的。另方面，二进制码是逻辑运算，而纠缠态的联系带有随机性，即有概率性。需要新的算法和程序。最后，如何保证最终得到的结果就是所需的正确的结果？我是外行，仅凭量子力学原理说说而言。

最近在网上看到一则消息。有五位从事计算机和信息及数学工作，分别来自悉尼科技大学、加州理工学院、得克萨斯大学奥斯汀分校和多伦多大学的国际合作团队，联合撰写了一篇文章并发表于 *Nature* 杂志上。文章共 165 页，用纯数学和他们的算法及论证，得出的结果是：纠缠的答案原则上是不可知的，量子纠缠无解。当然，此论文没有评审员。

路漫漫远长。作为科研前沿阵地，无可非议。人类总要探索未知。

第四节　夸克禁闭与大型量子对撞机

由量子力学原理，现实世界中组成物质的最小"颗粒"是量子。诸如光子、电子、质子、中子还有其他所称的"子"。物质无限可分的哲学思想：一尺之杵，日取其半，万世不竭。这是推理性的朴实思想。由量子力学原理，比"量子"还小的游离态物质，现实世界中是不存在的。因为相互作用是量子化的，由相互作用所构成的现实世界中所有物质，也就必定是以"量子"为最小单位。

不满足于现状，探索未知是人类本性。由量子力学发展起来的有如量子场论等更深入研究基本粒子内部结构的学说和理论，在理论上，论证"量子"等基本粒子是由被称为"夸克"的成分所组成。我这里不称其为"子"，是因为它不能称为"粒子"。由于量子化的相互作用，现实世界中没有物质或任何仪器可用来测量这"夸克"。打个比喻，要么不吃，要吃只能是囫囵吞枣，怎能知晓枣的内部结构？所以，没有游离态的夸克，永远只能是猜测其而言。

由当前十分流行的宇宙大爆炸理论，认为宇宙在百亿多年前，是在一个很小区域内突然爆炸，在极短时间内形成了一些基本粒子体系，如电子、质子、中子、光子和中微子等等。然后不断膨胀，温度和密度下降，逐步形成原子核、原子、分子。并继而复合成通常的气体，再又凝聚成星云，进而星云内物质的聚合形成各种各样的恒星和星体，最终为我们如今所看到的宇宙。

大爆炸开始时	约 150 亿年前	极小体积极高温度、密度，称奇点
后 10^{-43} 秒	约 10^{32} 摄氏度	宇宙以量子涨落背景出现
10^{-35} 秒	约 10^{27} 摄氏度	引力分离，夸克、玻色子、轻子形成
10^{-10} 秒	约 10^{15} 摄氏度	质子、电子形成
0.01 秒	约 1000 亿摄氏度	光子、电子、中微子为主，质子、中子仅占 10 亿分之一，热平衡态，体系急剧膨胀，温度和密度不断下降
0.1 秒	约 300 亿摄氏度	中微子外逸，正负电子淹没反应出现，核力尚不足束缚中子、质子

13.8 秒	约 30 亿摄氏度	核力的作用使氢氦类稳定原子核（化学元素）形成
35 分钟	约 3 亿摄氏度	原初核反应过程停止，尚不能形成中性原子
30 万年后	约 3000 摄氏度	化学结合作用使中性原子形成，宇宙主要成分为气态物质，并逐步在自引力作用下凝聚成密度较高的气体云块直至恒星、恒星系统

夸克是在宇宙温度 10^{27} 摄氏度时开始形成，在 10^{15} 摄氏度时，因都复合成质子、中子等基本粒子体系而消失。因此，若要由粉碎质子、中子、电子等体系产生出夸克，那必须要有相当于 10^{27}—10^{15} 摄氏度温度范围内的能量。现实世界中能行吗？就算能集中能量偶然产生了"夸克"，可是在 10^{-10} 秒内又复合而突然消失了，还未测量就没了。这就是所谓"夸克禁闭"的解释（见所附论文）。理论上的预言，实际技术操作上不可行，也无法最后确证。

建立大型量子对撞机，目的是什么？若想寻找未来用之不尽的能源？花巨大能量去产生，结果瞬间又恢复为原状，真是得不偿失。就算产生了也不知用什么容器来贮存它后使用。只是妄想。

诺贝尔奖得主杨振宁先生说，高能物理的盛宴已过。他坚决反对建立大型对撞机。听说就是因为多了他这一反对票，表决未通过。这大型对撞机可是数千亿天文数字的血汗钱啊！还有日后运转的巨额费用，不心痛吗？杨振宁先生本人就是量子场论和基本粒子理论的国际著名物理学家。若出于私心，完全会双手赞成，用来为自己的理论服务。他敢于提出反对意见，是需要很大的勇气！这就是中国老一辈知识分子的良知和爱国情怀。他的反对也必然会得罪搞高能物理的某些人。因为打破了他们的金饭碗，断了他们的仕途。若是真有了这大型对撞机，烧国家的钱来撞一撞，撰写一篇"论文"发表，声称又发现了一个"什么"，名利双收。可是有谁来评审和检验？

向杨振宁先生致敬。

第五节　何谓"真空不空"

常听到有人说："真空不空"这口头禅。还有如"与真空相互作用，产生……"似乎在真空中无论什么物质都能产生出来。物理上到底如何理解其意呢？

"真空不空"中的真空不是严格意义下的"绝对真空"。它是指，限于当前的科学技术水平，通过观察或测量还无法发现空间中有任何的物质或能量，因而认为这空间是"真空"。正如在昔时，除了所见的有形物，认为空间就是"空"的。随着时代的科技发展，认识到空间中还有各种气体分子、电磁波、X 射线、γ 射线和宇宙射线等等。

观察和测量是通过观察物与被观察物相互作用来实施的。物体间要进行相互作用，必须都具有相同类型的作用场。如二个带电体的电相互作用是因为彼此都有长程的电场性质。若一个带电另一个不带电，就没有电相互作用。质子与中子在极短距离内的核力相互作用是因为彼此都有短程的核力场性质。同样，只要有物质，就有引力场，彼此就有引力相互作用。按目前的认知，当今所观测到的宇宙，存在四种基本相互作用力。

四大相互作用的强度和作用力程比较表（以强相互作用强度为1）

	相对强度	力程
强相互作用	1	原子核尺度内约 10^{-15}cm
电磁相互作用	$\dfrac{1}{173}$	长程
弱相互作用	10^{-13}	原子核尺度内
引力相互作用	10^{-38}	长程

物质不灭和能量守恒定律是宇宙中的基本定律之一。绝对的真空，里面什么物质和能量场都没有，哪能产生出什么东西来？物理学中的物质通常是指基本粒子及其所构成的有形物质。还有一种称为能量场物质，如电磁波场。物质和能量场由爱因斯坦质能公式 $E = Mc^2$ 可以互相转化。原子能就是利用极少量的物质转化为极大的能量。反之，能量场转化为物质的典型例子，即宇宙大爆炸理论中所说的最初质子、电子等基本粒子的形成；或当今宇宙中超新星爆炸后新的星系物质的形成。

量子力学或量子场论中，有数学表示的"产生算符"和"消灭算符"。在"产生算符"的作用下，产生什么粒子和状态，其物理意义是进行某种测量操作（算符的含义），产生了某种相应的粒子和状态。在光的衍射实验现象中，屏幕上的光斑点就是屏幕上的微观体系对衍射中的光波进行了"产生算符"的测量，产生一个"光子"而显示了斑点。把看不见衍射光波的空间当作"真空"的话，现在产生了光子，就是"真空不空"的形象化理解。同样，与"真空"相互作用产生……也如此理解。当然了，若这"真空"中绝对是没有物质或能量，那是不会有相互作用的。"消灭算符"其物理意义与"产生算符"相反，是消灭或湮灭了某粒子和状态。如正电子与负电子相互作用后都湮灭了，转换为场能量光波物质，即光子对。是一种物质转化成另一种能量物质。总的物质和能量是守恒的。

所以，"真空不空"和"与真空相互作用产生……"是在物质和能量总的守恒前提下物理学上的用语。

第六节 "多维世界"和"平行宇宙"

社会上广泛流传着"多维世界"和"平行宇宙"这些靓丽又深奥的词语。"多维世界"和"平行宇宙"还源自于物理学家的思想观点，故也就常被其他学者所推崇和应用。事情的起源又正是关于量子力学基本原理的解释上。

一、多维世界

在本书第二章第三节量子力学原理的基本假设中，四条基本假设的前三条总概括来说就是：由薛定谔波动方程决定的描述一个微观体系状态的波函数 Ψ，可以看成为是某力学量（如能量、动量等）确定状态（称本征态）的迭加态。用一个数学式表示即为

$$\Psi = C_1u_1 + C_2u_2 + C_3u_3 + \cdots\cdots（简写成）= \Sigma_n C_n u_n \qquad （1）$$

其中 u_n 为此力学量有确定值的相应本征态。C_n 为展开系数，可理解为本征态的占有率。即含有多少成分的比例。

本书第二章第三节讲过一个电火花所产生的电磁脉冲例子。一个电磁脉冲就是一个电磁波包。它可以看成是由各种谐振频率的电磁波的迭加而成。数学表达式就是这波包函数可以展开为三角函数 $\mathrm{Sin}\omega t$ 和 $\mathrm{Cos}\omega t$ 的组合。这 $\mathrm{Sin}\omega t$ 和 $\mathrm{Cos}\omega t$ 就是表示具有各种频率 ω 的电磁场谐波。

可是，由于波函数 Ψ 的物理意义不明确，认为它不是实在空间中的物质波描述，是一个抽象的数学工具，因此展开式（1）就不能说成是各种本征状态物质波的迭加。那就仍应用抽象的数学语言，把波函数 Ψ 看

成是在一个"希尔伯特空间"中的一个状态矢量。u_1、u_2、u_1……u_n……就是"希尔伯特空间"中的基本状态矢量（即本征矢）。

正如，在三维空间的直角坐标系中，一个位置矢量可写成为

$$P(x,y,z) = xi + yj + zk$$

其中基本矢量 i，j，k 相应于 u_1，u_2……

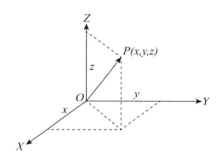

直角坐标系中一个 P 矢量的表示

不同的是实在空间仅三维，而"希尔伯特空间"是多维的，甚至是无限维。由 u_n 数目定。由此，展开想象力，认为微观体系是处在一个多维世界中！当我们去观察或测量它时，变成为确定值的状态。成为现实三维空间中的状态！也正如上三维空间中的位置矢量 P，如果我们用基矢 i 去标积作用（相当于向 X 轴上的投影测量），得到

$$i \cdot P = i \cdot (xi + yj + zk) = xi \cdot i + yi \cdot j + zi \cdot k = x$$

这即是矢量 P 在 X 轴上的投影值。

其中 $i \cdot i = 1$ 可称为归一性

$i \cdot j = 0$ 可称为正交性

$i \cdot k = 0$ 可称为正交性

对应于三维坐标空间中矢量的投影测量，量子力学中的测量是本征态 u_n 的测量。同样由正交归一性，从微观体系的状态波函数 Ψ 中，得到确定的本征态 u 的力学量值。

波函数 Ψ 的物理实在意义不明确，导致把"希尔伯特多维空间"认为是一个虚拟的多维世界。经过测量，使微观体系从虚拟的多维世界变成为现实世界中确定的状态。有谁能说，一个电磁脉冲是先存在于一个虚拟的由各种谐振频率所构成的多维世界中，经过我们的收音机观察或测量，使它成为现实世界中的电磁波？

澄清了波函数 Ψ 就是三维实在空间中的微观体系物质波分布函数，那么它就是某力学量各种本征状态物质波的迭加！

现实世界是一个三维的空间。也有人认为现实宇宙是一个更多维宇宙的投影而成。引申出在三维空间外有更高级智慧的生灵存在。实为"上帝"的代名词。

娱乐世界中有 3D、4D、5D 甚至更高 D 的影视产品，其中的"D"与物理上的"维"的定义已完全不同。

二、平行宇宙

"平行宇宙"又是当前时尚流行的用语。在本书第三章第三节二大阵营的论战中，简述过"平行宇宙"是美国学者埃弗雷特三世首先提出的。是为寻求解决哥本哈根解释无法回答问题的一种新设想。面对茫茫无边的宇宙世界，太多的问题困扰着人们的意识，浮想联翩也是很自然的。由这一设想的扩展，有人说，现实世界中的一个"我"，也存在于"平行宇宙"中的其他每一个宇宙世界中，有着很多个"我"。真是奇思异想。当然，这只是设想，也是永远不可能证明的。如同证明"上帝"是否存在一样。从逻辑上讲，假如现实世界与其他平行宇宙是有不同宇宙法则和规律，那怎么能用当今现实宇宙世界的法则和规律去探测和联系性质完全不同的另一个宇宙世界呢？若现实世界与其他平行宇宙是有相同的宇宙法则和规律，那么就是同一宇宙中的世界，何来"平行宇宙"的不同分宇宙？

后记

　　中华文明五千年，有着璀璨的文化和丰富多元的思想。早在 2500 多年前的春秋战国时期就孕育出诸子百家。相继诞生出像老子、孔子、墨子等等多位伟大思想家。闲时一壶茶一杯酒，会朋聚友，吟诗作画，谈天说地，百家争鸣。中华民族原本就是富于想象，具有创造精神的优秀民族，有着独创基因。

　　近代西方世界的科学技术打开了中国的封建大门。但是，我国的科学思想和技术水准仍一度远落后西方先进国家。都说中国的知识界现状就是继承和模仿外来多，创新能力差。究其原因，不外客观和主观因素。其中主要因素之一是封建家长式的学术环境氛围和崇洋媚外的遗风存在。封建家长制式和学阀门派风气压制了敢闯敢为的思想萌发；崇洋媚外的遗风余韵，起了消磨创新的自信心作用。意识深处，总是觉得中国的月亮没国外的圆和亮。自信心的缺乏，无法掀起百家争鸣，百花齐放的风气。

　　观察一些报告和会议发言中，常可发现在发言人的中文语言里时不时夹杂些外文词汇和通常语句。似乎这才能显示出报告发言人的外文水平和知识水平是高一级的。有的报告和发言只是列举国外某某人的观点和看法，恰没有自己的见解和思想。"OK"也已成为许多人的口头语。一个简单的中文发音"好"，定要说为二个发音的"OK"，方显出一种气派。没有自信心哪来创新精神？！

本人经过八年的苦苦求索，终于 1985 年基本完成中文论文稿《波粒二象性新释——波的测量并缩及其实验验证设想》初稿。那年正好看到中科院物理学部委员（即现在的院士），国际上被誉为中国核能之父的复旦大学教授卢鹤绂先生所著新书《哥本哈根学派量子论考释》，即登门拜访求教。经过讨论和他的精细指点，于 1987 年完稿。卢先生写下了评语。

在与他接触交谈中，他的渊博知识、严谨而精湛的学术和风趣姿态给我留下深刻印象。他说，上级给了我一个任务，要批判量子力学的哥本哈根解释。我花了七八年的时间，翻查阅览大量文献资料，最后不知如何为好。就写成《哥本哈根学派量子论考释》一书，供大家评论。这就是老一辈知识分子不做违心事的品行。他完全可以为了讨好上级和邀功，违心地瞎话一通。

那年代，每隔一两年会召开全国理论物理前沿问题讨论会。在会上我做了报告，并投寄《中国科学》期刊。评审回复是此文不适合本刊发表。之后我投寄美国的《物理评论》。该刊意见建议我改投加拿大科学院与多伦多大学合办的国际性期刊 Physics Essays。经过二审，认为理论上成立无错，于 1991 年公开发表。后来知悉此刊尤供物理上存疑问题讨论的国际性期刊。此后，我收到欧洲多国和美国的学者来函，征询我能否提供较详细的实验验证设计方案。那时候，关于量子纠缠现象的实验，还在进行和展开着，没有最后论断。

30 年时间转瞬已过。这些年，各国物理学界展开着有关量子纠缠即 EPR 佯谬甄别的实验。随着科学技术和设备的迅速发展，尤其是光的纠缠实验迅速展开和普遍化，不仅是一对光子体系的纠缠，有的国际科研团队能做到 4 个以上光子纠缠。我国在 2016 年宣告"墨子号"量子保密通信卫星成功发射升天。"量子幽灵"在众目睽睽下高空游荡，显示它的存在。难道爱因斯坦是真的错了吗？谁能来揭开"量子幽灵"的真面目？

本人于 2016 年 1 月完稿《因果论》一书，核心思想是综观宇宙演化史、人类社会发展史和人生历程，都遵循着因果规律。书中阐释了超光速和量子纠缠与因果规律的所谓矛盾，只是一种人云亦云的误解。随后又见量子幽灵在高空的游荡，迅即整理和补充卅年前的论文内容，完成论文稿《波粒二象性和测量新释——揭示量子幽灵的真实面目》，投寄于《物理学报》。不料评审员的意见竟是"此问题早已解决……"我随即申诉反驳，但未回音。后来我改寄浙江大学学报。编辑部倒是重视并认真处置，在一年半的时间中多次诚邀各方有关人士评审，可惜无一人受邀。因为找不到一个关于此问题的研究人员评审而作罢。百年来，有谁阐释了赫赫有名的薛定谔方程中虚数 i 的物理意义？！单凭此一点，即为量子论添写上浓彩一笔。

本书的促成也是因果关系吧。

顾逸铭

2020 年 6 月 6 日于上海

参考文献

［1］卢鹤绂《哥本哈根学派量子论考释》复旦大学出版社（1984）.

［2］［英］曼吉特·库马尔（Manjit Kumar）《量子理论爱因斯坦与玻尔关于世界本质的伟大论战》（2012）.

附件一

　　顾逸铭同志新撰论文《波粒二象性新释》一文属对量子力学哥本哈根解释的进一步解释，在波粒二重性的背后维持并发展，微观客体系实在物理波的薛定谔认识。最近（去年）有 CRAMER 用另一想法在美国《近代物理评论》上发表长篇同类论文，亦系全面贯彻波观点的新尝试。故此文显然应从速先广为征求意见，以便决定公开发表。

卢鹤绂 1987 年 6 月 22 日

中科院物理学学部委员

全国政协委员

波粒二象性新释 [1]
——波的测量并缩及其实验验证设想

　　【关键词】非齐次薛定谔方程　　波粒二象性　　测量塌缩　　弥散物质波测量成形

　　量子力学作为现代物理学的理论基础已广为人知，然而它的某些概念仍令人费思。诸如电子等微观体系的波粒二象性就带有不可捉摸的神秘性。不清楚物质的基本形态到底是什么，在人们的头脑里应记住电子

1　此中文论文稿的原稿成于 1986 年，自 1991 年在国际刊物上发表该理论部分后，以简略的形式作为国内宣传用。

是什么样的图像，是颗粒状"粒子"，还是弥散的"物质波"？若把电子等微观体系喻为"粒子"，则电子的干涉、衍射这些波性质实验事实甚不可思议；而若认为物质的基本形态是弥散物质波的话，那么我们测得的微观体系总是有确定的颗粒性质这一事实也难以理解。微观体系波粒二象性的佯谬深深地困扰着几代物理学家。

从量子力学诞生起就存在着对波函数物理含义的争论。爱因斯坦和波尔曾为此争论数十年始终未能求得统一的意见。以波尔、海森堡为代表的哥本哈根学派认为，科学关注的只是可观察的事物 + 对微观客体的描述由于不可避免的测量干扰，每次观察都破坏了微观客体的行为，因此对它不可能同时做完整的形象化描述；不可能确定它与观察现象方式无关的属性，不能用形成知觉的空间时间概念来描写；"波"和"粒子"二字眼只是我们用日常语言所作的类似比喻，恰当描述只能用抽象的数学语言来全面表达。因此，波函数只是计算工具而言。按目前一般公认的看法它只具有概率的意义，没有客观实在性。[1]

以爱因斯坦为代表的一些科学家，则始终反对仅满足于概率的解释。认为自然界必然有其决定论式的描述，微观客体作为一个实体，一定能对其做出不依赖于观测条件的精确而合理的客观描述；统计性预言只不过是现有量子理论不完备；完备态应由附加于哥派量子态以外的现在人们还不知道的某些隐变量来确定。[1]

量子论本质上的非局域性（某一局域发生的事件会以超光速影响另一遥远区域所做实验结果）与狭义相对论是抗争的。七八十年代人们做了些远距离负关联实验，试图辨别量子力学非局域性及完备性和局域性隐变量理论二者谁是谁非。实验结果则是维护前者而不是维护后者。[2]－[3]

微观体系果真具有非局域性的性质吗？物理学是否再次面临危机？同是现代物理学支柱且也仅此两大支柱的量子论和狭义相对论，当真要相挤至水火不相容？有些学者为调和他们的矛盾，提出了玄虚的永远无法证实的所谓"多维世界理论"。微观物质世界的神秘性使得哲学家大受震惊。世界是实在的吗？月亮是否只有在看到它时才是存在的等等问题成为唯物辩证法与唯心形而上学争论的焦点。[4]

本人对目前流行的量子力学数学形式做了原则性补充，提出了带有"源"的非齐次薛定谔方程，从理论上能对以上问题和其他有关问题做出较令人满意的解释。于 1991 年底以题为"波粒二象性和测量问题"发表于国际性刊物上。[5] 令人可喜的是，目前正有实验提供了可靠的证据，并正在做进一步的实验观察中。

我的文章"波粒二象性和测量问题"主要内容如下：

一、提出了带有源的非齐次薛定谔方程

$$ih\frac{\partial}{\partial t}\Psi(\vec{r},t)=\hat{H}\Psi(\vec{r},t)+ih\Psi(\vec{r},o)\delta(t-o)\ \ (\ t\geq 0,\ \vec{r}\in全空间\ )\quad （1）$$

它的特解完全可以代替目前流行的带有初始条件 $\Psi(\vec{r},o)$ 的薛定谔方程

$$ih\frac{\partial}{\partial t}\Psi(\vec{r},t)=\hat{H}\Psi(\vec{r},t)\ \ (\ t\geq 0,\ \vec{r}\in全空间\ )\quad （2）$$

的解。方程（1）右边的非齐次项 $ih\Psi(\vec{r},o)\delta(t-o)$ 表示了某时刻 $t=0$ 时出现的初始状态。

非齐次薛定谔方程（1）在数学上是属于抛物类型方程，但由于方程中有了虚数 i，物理上描述波动规律。抛物型方程类型有扰动的传播速度可以无限大的性质。因此非齐次薛定谔方程就成为描述扰动的传播速度有无限大性质的波动规律。它比起带有初始条件的薛定谔方程（2）更明显、更直接地体现了微观体系的这种内禀性质。

二、给予波粒二象性新的解释

用宏观仪器对微观体系进行测量，显然是宏观仪器中的微观体系与被测微观体系相互作用经过连锁反应放大成宏观效应而呈现的结果。作

为非齐次薛定谔方程中非齐次项的源表示了测量体系。尽管它局域于有限的甚至很小的区域，但它的出现会瞬时影响到整个空间，以归一化的数学表示形式作用于弥散在空间中任意大小的被测体系。因此可以认为被测的微观体系物质形态是弥散于空间中的实在物质波。当与测量体系相互作用符合"粒子"测量条件时，它可瞬时塌缩于测量体系所占据的局域空间中。这种塌缩的可能性是与测量体系在该处强度成正比，也恰与被测体系在该处的强度即波函数的绝对值平方成正比。这正是波函数的概率意义。文中对双缝干涉的衍射实验现象做了解释。非齐次薛定谔方程反映了状态波函数的二种性质决然不同的演化。体系连续性的演化表现出体系的波动性；而测量体系并缩被测体系于所在的局域区域，测量结果所呈现的颗粒性，使被测体系表现为粒子性。这就是被测体系的波粒二象性。

三、量子力学中关于测量问题有了明确的认识

量子力学有三条独立的基本假设：

1. 量子力学体系的状态由连续的正交归一的波函数 $\Psi(\vec{r},t)$ 描述。它决定了对它做测量的可能结果的概率。

2. 这波函数服从一决定性的运动方程，即薛定谔方程。

3. 对体系进行由算符 A 所表示的可观察量测量时，在得到本征值 A_i 的明确测量后，波函数 $\Psi=\sum_i C_i\Phi_i$ 成为 A 的本征态 Φ_i（即所谓波函数约化或波包塌缩现象）。

由于波粒二象性和测量何以会引起波包塌缩的现象问题没有解决，不清楚应该给予微观客体以一个什么样的物理图像，因此需要第一条假设。认为波函数只是作为一种数学工具，是用来计算对它测量任何物理量的可能结果的概率。薛定谔方程是描述扰动的传播速度具有无限大性质的波动规律，反映了量子力学体系的一种本性。这是第二条假设的深

刻意义之一。而非齐次薛定谔方程形式能更直接更明显地反映这种内禀性质。就哈密顿算符 H 的测量而言，第三条假设事实上与第二条假设有关，是第二条假设的必然结果。例如，当一个"电子体系"和一个"质子"体系通过相互作用构成氢原子系统时，我们可以说这质子体系抓获了这电子体系，把它定域于相互作用的区域中。也可以说这质子体系测量到一个电子体系。同样也可说这电子体系测量到和抓获了此质子体系。描述两个体系的相对运动状态只需描述此两个体系中的一个体系状态。对氢原子来说总是描述电子体系相对于质子体系的状态。若想同时考虑电子相对于质子的运动状态和质子相对于电子的运动状态并指出它们的关系时，由薛定谔方程可证明它们的状态波函数中与时间有关的部分函数是相同的，都为 $\exp(-\frac{i}{\hbar}Et)$；而与空间有关的部分函数则是互为共轭关系 $\Psi(\vec{r})$ 与 $\Psi*(\vec{r'})(\vec{r}=-\vec{r'})$。当一个自由电子遇到一个质子体系构成氢原子体系后，电子体系的状态就从自由行为的状态变为束缚行为状态，成为哈密顿！符本征态之一。这可看作质子体系对电子体系进行哈密顿算符 H 的测量，在得到能量本征值之后，电子体系的波函数从迭加态变为哈密顿算符 H 的本征态。这就是所谓测量使波函数的约化。由于量子力学体系具有扰动传播速度无限大的性质，因此由测量所引起的电子体系状态的变化是瞬即的。波包塌缩是突然的。至于为什么在每一物理量的测量中能且仅能测量到的可能值是本征值之一，这是双方体系量子化的相互作用缘故。传统上处理测量过程是把宏观仪器与被测微观体系构成一复合系统来考虑。事实上这也是测量过程完成后复合系统的可能状态了。这状态是宏观仪器和被测体系在完成测量后都已经变化了的状态。恰恰放过了关键的一刻，即正当符合粒子测量条件的测量体系使被测体系塌缩的一瞬间。

在量子力学和量子场论中，产生算符 A^+（或 A^*）和消灭算符 A 互为共轭关系，就是通过共轭态的作用来产生和消灭粒子的。但是，自用了狄拉克符号后，物质波的塌缩性质就隐藏起来了。从而不得不把测量效应使波包塌缩的事实当作是一条假设来提出。

四、微观体系物质波能瞬时塌缩的性质不违背狭义相对论

狭义相对论是基于实验事实基础上的把微观体系作为一个基本的实整体即粒子而言的理论。而微观体系的塌缩性质是一种内禀性质，可以不受狭义相对论的约束。凡是传递有用的信号必是以"粒子"为基本单元的传递物质作为工具的。微观体系内部的塌缩绝不是通常意义下的信号传递。波函数的概率解释暗示了微观体系是具有固定大小的粒子，就难免要与狭义相对论抗争。

量子力学的另一表述方式——费曼的路径积分形式，在它的基本思想中就有粒子的概率幅可以超光速传播。由于费曼也是默认微观体系是一定大小的粒子，公式就不能作为微观体系性质的真实描写，否则将要违背狭义相对论精神。"概率幅"就是用来避免麻烦的词语。从而费曼路径积分也仅是一种数学公式了。

微观粒子的大小是微观体系物质波分布区域的表观大小，它根本无绝对固定的尺度。严格说来所谓"基本粒子"的"大小"是无意义的。

五、澄清了 EPR 佯谬

1935 年，爱因斯坦、波多尔斯基和罗森合写了一篇文章《能认为量子力学对物理实在的描述是完备的吗？》，他们从定域实在论的观点出发，借助一个思想实验，对量子力学提出了一个质疑：要么量子力学对物理实在的描述是不完备的，要么存在着一种瞬时的超距作用。这就是众所周知的 EPR 佯谬。经过一些物理学家的进一步研究和发展，使得用真实仪器实现 EPR 思想实验成为可能。自 70 年代初以来相继完成一些

关于远隔粒子量子关联实验。结果表明量子力学的预言是正确的，从而不得不要在非实在论或非定域性二者中做出痛苦的选择。若选择前者，那将会动摇整个物理学大厦，是最不愿意的；若选择后者，这又将把量子论放在与相对论对立的地位。

其实并非要做痛苦的选择，问题的症结恰在做抉择的前提。为什么要认为微观体系的形态是固定大小的"粒子"呢？从而肯定在实验测量前有二个关联的量子已是远隔分离的？按本书的观点只要认为微观体系的形态是由波函数描述的弥散物质波，并具有瞬时塌缩的性质，疑难就迎刃而解。

六、认识论迷雾的驱散

本书认为波函数是微观客体物质波分布函数，是对客体实在的描述；这种物质波具有内禀的塌缩特性，当受到测量时会突然塌缩，塌缩的可能性不是微观体系的主观意志，而是由外界测量条件所决定。此观点维护了物质世界客观性主张。另方面，由于塌缩的秉性，每次观察的确要破坏微观客体的行为，从而对它不可能同时做完整的描述，要受到测不准关系的约束。现有的量子理论仍不失为是一个完备的满意的理论，它也并不与狭义相对论抗争。微观体系物质波及其塌缩性质的提出是爱因斯坦信仰和哥本哈根精神的调和剂。

七、阐明了量子力学中交换积分的真正的物理意义

交 换 积 分 $\int \Psi_1^*(\vec{r}_1)\Psi_2(\vec{r}_1)Y(|\vec{r}_2-\vec{r}_1|)\Psi_2^*(\vec{r}_2)\Psi_1(\vec{r}_2)d\vec{r}_2 d\vec{r}_1$ 中 交 叉 项 $\Psi_m^*(\vec{r})\Psi_n(\vec{r})$ $(m \neq n)$ 正是两个全同微观体系物质波在迭加区域的干涉成分波强度，因此交换积分是干涉波对相互作用能的贡献。只有全同粒子才有交换积分，故而得出全同粒子可有干涉现象，不仅仅是单粒子体系子波有干涉效应。全同粒子的干涉现象成为全同粒子体系必须要考虑对称

性的原因。

八、阐述了宏观物体的定域性

所谓宏观物体的定域性是指宏观物体具有一定的形状和大小的特征。由相互作用，电子、质子、中子构成原子核、原子并组成分子，继而分子集团等，在集团里每一微观体系是与此集团的其他体系相互作用着，以物质波的形式分布于作用场的区域中。原则上可由薛定谔方程解得这分布区域，结果是局域于通常所说的原子核、原子、分子等尺度内。在由微观体系通过相互作用构成宏观物体的过程中，随着系统的质量增加系统的惯性增加。一般来说，外界影响与内部的相互作用比较起来越来越小，以量子力学的术语来说，对这整个系统所做的测量即对这系统施以外部的作用引起的扰动影响也越来越小，系统的定域性也就越来越明显。整个系统逐渐具有一定的大小和形状而成为宏观物体。

九、可以测量观察到光子流、电子流、中子流、质子流等等基本粒子流。但不可能测量观察到夸克流。因为任何测量仪器本身是量子化的，测量到的微观实体最小是以基本粒子为单位的。正如囫囵吞枣，要么不吃，要吃就是一个吞下，永远不可能知道枣内结构是什么

十、范德瓦尔斯力的解释

直至目前，经典物理还无法完美解释液体中分子间的一种相互作用力，即称谓的范德瓦尔斯力。在化学界，常用电子云的相互作用来解释范德瓦尔斯力的产生。即当两个电子云有交叉重叠时，新产生的相互作用力就是范氏力。现在，完全可以名正言顺地，电子云就是真实的电子体系物质波分布。

最近，美国 IBM 公司三位科学家 M. Crommie，C. Lutz 和 D. Eigler 在研究金属表面磁性材料的性质工作中，用扫描隧道显微镜清晰地拍摄下令他们十分惊奇的电子波照片（见后图）。在铜的表面，48 个铁原子像卫兵似的排列成一圆圈，他们称之为量子栅栏，圈内就是波纹状的电子波。

按本书观点，电子体系的波纹状态分布和铁原子的波包状态都由不同相互作用场的薛定谔方程所决定。也即由各自的状态波函数所描述。

现在这三位科学家正在作进一步的研究，比较各种形状的量子栅栏中电子的性质和行为与理论之间的关系。也即不同的相互作用场中，电子波的形态就不同。而且铁原子波包状态也会有所变化。这取决于与铁原子内部的相互作用来说外部对它的相互作用影响程度。如果情况果真如此，波粒二象性的疑案已到决断时刻。

验证测量使波并缩的实验设想

众所周知，两个相干的点光源会产生干涉图样，如果这两个源的相位相差 180°。在两源无限接近的极限情况下，就成了一个"封闭"系统没有光波发射。在空间不会有光子观测到，两根完全一样的电磁波发射天线，若震荡相位相差 180°，当一根天线几乎在另一根上面时，空间任一点的总波幅将几乎是零，在一根天线无限接近另一根情况下，也成了一个"封闭"系统，输出为零。把其中一个点光源或一根天线作为被测体系的发射系统，另一个点光源或一根天线作为测量体系的接受系统，以上正是说明当测量体系与被测体系在空间同一地点（可取 $\vec{r}=0$）她们的状态空间部分互为共轭态时，构成"封闭"系统，发射系统所发射的被测体系，完全被接收系统的测量体系所接收。

以上客观现象实际上已清楚表明，作为被测体系的微观体系在空间中出现的概率并不是此微观体系本身的主观意志，而是由外界条件即测量体系所决定。为了严格证明此论点，需要在测量体系与被测体系相隔一定距离情况下实验。现根据本书结论提出如下实验设想。

（1）为了使一个微观体系的实质波分布于较大空间范围需要采用发射波长较长的电磁波作为被测体系。

（2）被测体系的发射强度能弱到接近发射一个光子的能量。

（3）相隔一定距离放置一根完全相同的震荡天线作为接收系统，调整其震荡状态使与被测体系电磁波在该处状态空间部分互为共轭态。如果实验结果是被测体系所发射的电磁波总是由接收系统的测量体系所接收，那就完全清楚地证明了波函数的概率意义并不是微观体系的主观意志，而是由外界测量条件所决定，从而可以认为波函数是描述微观客体的物质波分布函数的本书结论。

为证明微观客体物质波当符合条件受到测量时，会突然塌缩于测量体系内，且这种内禀的塌缩特性是瞬时的，提出如下实验设想：

（1）一个发射波长较长电磁波的被测体系，它的发射强度较弱，置于空间某处。

（2）两个相同的接收系统，相隔一定的距离，并与被测体系发射系统处于相对称位置。

（3）调整此两个相同的接收系统在接收状态，当其中一个接收系统接收到发射系统发出的被测体系的瞬间，必然影响到另一接收系统的接收，如果此影响是瞬时性的、超光速的，那就完全证明了本书论点。

参考文献

[1] 卢鹤绂.《哥本哈根学派量子论考释》复旦大学出版社（1984）.

[2] B. d'Espagnagnat，Scientific American 241（1979）128.

[3] A. Shimony，Scientific American 258（1987）1.

[4] 金吾伦.自然科学哲学问题 1988.1.

[5] 顾逸铭.Physics Essays 4（1991）523.

附件二

The Wave–Particle Duality and the Problem of Measurement

Physics Essays

volume 4, number 4, 1991

The Wave-Particle Duality and the Problem of Measurement

Gu Yi-Ming

Abstract

An inhomogeneous Schrödinger-type equation is proposed. A supplement is given to the Schrödinger equation which leads to a good interpretation of the wave-particle duality and the discontinuous change of the wave function of state caused by measurement. It is appropriate to regard a wave function as the distribution function of the matter wave spreading over a certain region in space and endowed with the nature of collapse. The measured microsystem can be localized in some region and shows particle properties as a result of being measured. According to this theory, the two-slit diffraction experiment is interpreted, and the process is described, where microscopic systems with uncertain dimensions form a macroscopic body with definite size and shape. A visualizable physical picture is given to the uncertainty principle. The properties of identical particles and exchange integral are satisfactorily explained. The experiments that show correlations between distant events can also be interpreted. The point of view that the sudden collapse of the matter wave upon measurement is included in the new Schrödinger equation does not contradict the spirit of the theory of relativity.

Key words: inhomogeneous Schrödinger equation, particle-measuring operator, spreading matter wave, collapse, sink, measure-forming

1. INHOMOGENEOUS SCHRÖDINGER-TYPE EQUATION

It is well known that the behavior of a microphysical system is determined by both its initial state, which is denoted by $\psi(\mathbf{r}, 0)$, and the Schrödinger equation

$$i\hbar \frac{\partial}{\partial t} \psi(\mathbf{r}, t) = \hat{H}\psi(\mathbf{r}, t) \quad (t \geq 0, \ \mathbf{r} \in \text{all space}). \quad (1)$$

Now, we may also describe the state of the system by the particular solution [the wave function $\psi(\mathbf{r}, t)$] of the following inhomogeneous Schrödinger-type equation:

$$i\hbar \frac{\partial}{\partial t} \psi(\mathbf{r}, t) = \hat{H}\psi(\mathbf{r}, t) + i\hbar \psi(\mathbf{r}, 0) \delta(t - 0) \quad (2)$$

$$(t \geq 0, \ \mathbf{r} \in \text{all space}),$$

where $i\hbar \psi(\mathbf{r}, 0) \delta(t - 0)$, which is called the source term of Eq. (2), illustrates the initial state of the system.

Equation (2) cannot only completely replace both Eq. (1) and the initial condition in time, but also has the feature that it may explicitly show what kind of result there will be once the microphysical system appears with the state $\psi(\mathbf{r}, 0)$ and interacts with other systems that have existed in space.

2. INHOMOGENEOUS SCHRÖDINGER-TYPE EQUATION OF THE MEASURING SYSTEM AND THE PARTICLE-MEASURING OPERATOR

Consider a measured system residing in space whose state is determined by the following Schrödinger equation:

$$i\hbar \frac{\partial}{\partial t} \psi(\mathbf{r}, t) = \hat{H}\psi(\mathbf{r}, t) \quad (t \geq 0, \ \mathbf{r} \in \text{all space}). \quad (3)$$

If the state of motion of the measured system at the time $t = 0$ was described by the wave function

$$\psi(\mathbf{r}, 0) = \sum_k C_k \phi_k(\mathbf{r}), \quad (4)$$

where $\phi_k(\mathbf{r})$ are the eigenfunctions of the Hamiltonian operator $\hat{H}$, then the wave function of the state of the measured system at any time t is

$$\psi(\mathbf{r}, t) = \int G(\mathbf{r}', 0; \mathbf{r}, t) \psi(\mathbf{r}', 0) d\mathbf{r}', \quad (5)$$

where

$$G(\mathbf{r}', 0; \mathbf{r}, t) = \sum_k \phi_k^*(\mathbf{r}') \phi_k(\mathbf{r}) \exp[(-i/\hbar) E_k t].$$

If the state of the measured system at the time $t = 0$ was the stationary state $\phi_k(\mathbf{r})$, the propagator may be written in the form

$$G_k(\mathbf{r}', 0; \mathbf{r}, t) = \phi_k^*(\mathbf{r}')\phi_k(\mathbf{r})\exp[(-i/\hbar)E_k t].$$

In order to draw a distinction between them, the $G_k(\mathbf{r}', 0; \mathbf{r}, t)$, which exhibits the measured system of stationary state $\phi_k(\mathbf{r})$ existing in space at time $t = 0$, is called the "propagator of stationary state," and the $G(\mathbf{r}', 0; \mathbf{r}, t)$, which corresponds to the measured system of superposition $\sum_k C_k\phi_k(\mathbf{r})$ of stationary states, is the propagator of the superposition of stationary states.[1]

Now, a macroscopic observing apparatus, such as the screen in a two-slit diffraction experiment, is used to observe the position of the measured system. The macroscopic observing apparatus is comprised of many microscopic systems. The process of measurement is obviously the process that the measured system interacts with the microscopic systems in the observing apparatus. Because the wave function describing the state of the measured system spreads over all space, the measured system can interact with all the microscopic systems in the observing apparatus. When this measurement of position is made, before a spot which shows the position of the observed system appears on the screen, it must be considered true that the observed system is interacting with all the microscopic systems in the observing apparatus. We might as well regard every microscopic system that constitutes the macroscopic observing apparatus as a measuring system. A spot on some part of the screen means that the measuring system in this area has detected a measured system. Since the measured system is interacting with all the microscopic measuring systems in the screen, why won't the measured system appear at other areas but only at some certain area of the screen? Is the area where the measured system appears determined by its own will or by something else? The view expressed in this paper is that it is determined by the states of the microscopic measuring systems in the screen.

During the process of measurement, before the spot appears, if at some instant of time t_1 the state of one of the measuring systems which interact with the measured object appears, by chance in some region ΔV of space, as

$$\psi'(\mathbf{r}', t_1) = \phi_k^*(\mathbf{r}')\exp[(-i/\hbar)E_k t_1] \quad (\mathbf{r}' \in \Delta V), \quad (6)$$

then the state of the measuring system in the region ΔV may be described by the particular solution of the inhomogeneous Schrödinger-type equation

$$i\hbar\frac{\partial}{\partial t}\psi(\mathbf{r}', t) = \hat{H}'\psi(\mathbf{r}', t) + i\hbar\phi_k^*(\mathbf{r}')$$
$$\times \exp(-i/\hbar\, E_k t_1)\delta(t - t_1) \quad (\mathbf{r}' \in \Delta V), \quad (7)$$

where $\hat{H}'$ is the Hamiltonian operator, which describes the interaction between the measured system and the measuring system in the region ΔV and has the relation

$$\hat{H}'\phi_{k'}(\mathbf{r}') = E_{k'}\phi_{k'}(\mathbf{r}') \quad (\mathbf{r}' \in \Delta V). \quad (8)$$

We define a particle-measuring operator at some instant of time t_1 for the stationary state $\phi_k(\mathbf{r})$ by

$$\hat{M}_k(t_1) \equiv \int \phi_k^*(\mathbf{r})d\mathbf{r}\exp[(-i/\hbar)E_k t_1]$$
$$= \hat{M}_k\exp[(-i/\hbar)E_k t_1] \quad (\mathbf{r} \in \text{all space}). \quad (9)$$

Thus Eq. (7) may be written in the form

$$i\hbar\frac{\partial}{\partial t}\psi(\mathbf{r}', t) = \hat{H}'\psi(\mathbf{r}', t) + i\hbar\hat{M}_k(t_1)\delta(\mathbf{r} - \mathbf{r}')\delta(t - t_1)$$
$$(\mathbf{r}' \in \Delta V, \ \mathbf{r} = \text{all space}), \quad (10)$$

and the particular solution of Eq. (10) is

$$\psi(\mathbf{r}', t) = -i/\hbar\,\theta(t - t_1)[i\hbar\hat{M}_k G(\mathbf{r}', 0; \mathbf{r}, t)]$$
$$= \theta(t - t_1)\phi_k^*(\mathbf{r}')\exp[(-i/\hbar)E_k t]$$
$$\times \int \phi_k^*(\mathbf{r})\phi_k(\mathbf{r})d\mathbf{r}$$
$$(\mathbf{r}' \in \Delta V, \ \mathbf{r} = \text{all space}), \quad (11)$$

where $\theta(t - t_1)$ is the unit step function and $\int \phi_k^*(\mathbf{r})\phi_k(\mathbf{r})d\mathbf{r} = 1$.
The particular solution may also be

$$\psi(\mathbf{r}', t) = \theta(t - t_1)\hat{M}_k G_k(\mathbf{r}', 0; \mathbf{r}, t)$$
$$(\mathbf{r}' \in \Delta V, \ \mathbf{r} = \text{all space}). \quad (12)$$

Generally, suppose that the state of the measuring system in the region ΔV of space at time t_1 is

$$\psi'(\mathbf{r}', t_1) = \sum_{k'} C_{k'}\phi_{k'}^*(\mathbf{r}')\exp[(-i/\hbar)E_{k'}t_1]$$
$$(\mathbf{r}' \in \Delta V), \quad (13)$$

and its inhomogeneous Schrödinger-type equation is

$$i\hbar\frac{\partial}{\partial t}\psi = \hat{H}'\psi + i\hbar\sum_{k'}C_{k'}\phi_{k'}^*(\mathbf{r}')\exp[(-i/\hbar)E_{k'}t_1]\delta(t - t_1)$$
$$(\mathbf{r}' \in \Delta V). \quad (14)$$

We define a particle-measuring operator at some instant of time t_1 for the superposition of stationary states by

$$\hat{M}(t_1) \equiv \sum_{k'}C_{k'}\hat{M}_{k'}\exp[(-i/\hbar)E_{k'}t_1]. \quad (15)$$

Thus Eq. (14) becomes

$$i\hbar\frac{\partial}{\partial t}\psi = \hat{H}'\psi + i\hbar\hat{M}(t_1)\delta(t - t_1)\delta(\mathbf{r} - \mathbf{r}')$$
$$(\mathbf{r}' \in \Delta V, \ \mathbf{r} = \text{all space}), \quad (16)$$

and the particular solution is

$$\psi(\mathbf{r}', t) = \theta(t - t_1)\sum_{k'}C_{k'}\hat{M}_{k'}G(\mathbf{r}', 0; \mathbf{r}, t)$$
$$= \theta(t - t_1)\sum_{k'}C_{k'}\phi_{k'}^*(\mathbf{r}')\exp[-i/\hbar\, E_{k'}t]$$
$$\times \int \phi_k^*(\mathbf{r})\phi_{k'}(\mathbf{r})d\mathbf{r}$$
$$(\mathbf{r}' \in \Delta V, \ \mathbf{r} = \text{all space}). \quad (17)$$

附件二 The Wave-Particle Duality and the Problem of Measurement

Gu Yi-Ming

It is necessary to point out that the region ΔV in Eqs. (6) to (17) may be expanded into all space.

It can be seen from Eqs. (7), (10), and (11) that at time t_1 the state [Eq. (6)] of the microscopic system which appears by chance in some space region ΔV can instantaneously influence all the space. We can also say that there is a particle-measuring operator in ΔV, and it causes the normalization of the measured system that has formerly spread over all space. In fact, this just shows the collapse property. Therefore, the measured system can suddenly "condense," be localized in ΔV, and display the spot on the screen. The collapse property of the microscopic system allows us to regard the wave function as a distribution function of the matter wave of the microsystem.

The Schrödinger equation or inhomogeneous Schrödinger-type equation belongs to a parabolic kind of equation in mathematics. But because there is an imaginary number i in it, the equation turns out to describe the law of wave motion in physics. The parabolic equations are characterized by the fact that the transmission speed of a disturbance may be infinite. Thus the Schrödinger equation describes the law of wave motion with the property that the transmission speed of the disturbance may be infinite. It is this property that leads to the collapse of the matter wave.

The fact that the wave function can suddenly collapse, that is, the matter wave of a microsystem is able to collapse in an instant, should not be held against special relativity (see point 4, Sec. 6).

Section 3 is a further development on the idea of matter wave.

3. THE WAVE-PARTICLE DUALITY AND THE PROBLEM OF MEASUREMENT

An "electron" system and a "proton" system constitute a "hydrogen atom" system by interaction. We may say that the "proton" system has caught the "electron" system and kept it within the region of the interaction field. It may also be said that the "proton" system has measured and found an electron system, and vice versa.

The existence of two systems is a precondition of producing an interaction. But we generally describe one of the states of the two systems, such as in a hydrogen atom, as the state of the electron system in relation to the "proton" system. The meaning of the expression "the state of the electron system in relation to the proton system" is this: if the vector from the proton to the electron is $\mathbf{r}$, then the function $\psi(\mathbf{r}, t)$ describing the state of the electron system is the state of the electron system in relation to the proton system, and vice versa. Suppose the wave function of the state of the electron system is $\phi_k(\mathbf{r}) \exp[(-i/\hbar) E_k t]$. Here, $\mathbf{r}$ is the vector from the proton to the electron. If we want to describe the state of the "proton" system in relation to the electron system in the hydrogen atom, the wave function of the state of the proton system just becomes $\phi_k^*(\mathbf{r}') \exp[(-i/\hbar) E_k t]$, because the vector from the proton to the electron is opposite to that from the electron to the proton. This can easily be proved from the Schrödinger equation.[2] That is, the time-dependent part of the wave functions of the two systems that are interacting and compose a complex system are the same, and the space-dependent parts are in complex conjugation in relation to each other.

From Eqs. (7) and (14) and their solutions (11) and (17), we have learned that the state $\psi'(\mathbf{r}', t_1)$ of the measuring system which emerges in some region ΔV of space at an instant of time t_1 can instantaneously influence and normalize the state of the measured system which has originally "smeared out" over all space. It is this act that leads the measured system to eventually collapse suddenly into the region which the measuring system has occupied. As seen in experiments, the measured system has been found

somewhere. It is reasonable that the possibility of collapse is directly proportional to the sum of relative intensity, $\int_{\Delta V} |\psi'|^2 dV$, which is in the "sink" (in the eyes of the measured system). In the sense of measurement, the possibility is also directly proportional to the sum of relative intensity of the measured system in the region ΔV, that is, $\int_{\Delta V} |\psi|^2 dV$. So the probability density that the measured microphysical system, described by $\psi(\mathbf{r}, t)$, will be found about a point $\mathbf{r}$ of space at some time t in the form of a particle is dependent on the relative intensity of the sink about the point of space, that is, $|\psi'(\mathbf{r}, t)|^2$. This is consistent with the probability interpretation of the $|\psi(\mathbf{r}, t)|^2$.

For measurement, however, the probability interpretation of the wave function $\psi(\mathbf{r}, t)$ of the measured system should make no sense.

The probability that a microsystem will appear at some place in the form of a particle is not an intrinsic nature of the microsystem. It is not governed by the microsystem's own will, but by the external condition of measurement. In such a case the causality holds well for each microphysical system, and the probability interpretation is compatible with the deterministic theory.

The region ΔV in Eqs. (6) to (17) may be expanded into all space. In this case the state of the measuring system at time t_1 is

$$\psi'(\mathbf{r}', t_1) = \phi_k^*(\mathbf{r}') \exp[(-i/\hbar) E_k t_1] \ (\mathbf{r}' \in \text{all space}).$$

The corresponding measurement on the measured system, therefore, turns out to be the measurement of the eigenstate of the Hamiltonian $\hat{H}$ (or a complete set of operators containing $\hat{H}$).

According to Eqs. (11) and (12), the state of the measured system may be either the eigenstate $\phi_k(\mathbf{r}) \exp[(-i/\hbar) E_k t]$ of the $\hat{H}$ or the superposition $\sum_k C_k \phi_k(\mathbf{r}) \exp[(-i/\hbar) E_k t]$. When the measuring system and the measured system constitute a complex system, as before, the wave functions of the state have relations as follows: the time-dependent parts are the same, and the space-dependent parts are in complex conjugate relation to each other. Thus the state of the measured system has not changed if it was the eigenstate $\phi_k(\mathbf{r}) \exp[(-i/\hbar) E_k t]$ of the $\hat{H}$ before a measurement or has changed into the eigenstate if it was a superposition of eigenstates before a measurement. It is the "reduction" of the wave function to which the measurement leads.

As far as the eigenstate measurement of the $\hat{H}$ is concerned, the probability is equal to unity, because the sum of relative intensity of the "sink" is

$$\int_{\text{all space}} |\phi_k^*(\mathbf{r})|^2 dV = 1.$$

On the other hand, one of the conditions of finding the eigenstate in the measurement is that the component ϕ_k must be contained in the wave function of state of the measured system. Naturally, for a large number of measurements, the times of finding the eigenvalue E_k (or the eigenstate ϕ_k) of the $\hat{H}$ in a superposition $\psi = \sum_k C_k \phi_k$ of eigenstates is proportional to the $|C_k|^2$, the square of the magnitude of the coefficient of ϕ_k in the expansion of ψ. In other words, the probability of finding the value E_k is $|C_k|^2$.

The reasons why the possible value that can only be found in each measurement of the physical quantity is one of the eigenvalues, in fact, are the quantized interaction and the fact that the measuring system is in one of the eigenstates. The latter is determined by the conditions that are made by the purpose of measurement.

Three of the basic postulates of quantum mechanics are the following:

再探量子力学基本原理

(1) The state of a quantum mechanical system is described by a continuous, normalized wave function $\psi(\mathbf{r}, t)$. This wave function determines the probabilities of the possible result of any measurement on the system.
(2) This wave function obeys a deterministic equation of motion, that is, the Schrödinger equation.
(3) After a precise measurement of the observable represented by the operator A yielding the eigenvalue A_i, the wave function $\psi = \sum_i C_i \phi_i$ becomes the eigenstate ϕ_i of A.

The Schrödinger equation describes the law of wave motion with the property that the transmission speed of the disturbance may be infinite. This property shows a kind of intrinsic nature of the quantum mechanical system. If we use the inhomogeneous Schrödinger equation instead of the original Schrödinger equation in a measurement, the action of the measuring system can be involved in the equation, and the above property of the Schrödinger equation can be displayed more clearly. Furthermore, the measurement problem in quantum mechanics would gain the possibility of being solved. The measurement problem arose mainly because the role of the measuring instrument in the phenomenon of the "collapse of the wave packet" in a quantum mechanical measurement process is obscure.

The third postulate is an inevitable outcome of the second one. (The eigenstate measurement of $\hat{H}$ is mainly discussed in this paper.)

Because the measurement problem and the phenomenon of the "collapse of the wave packet" are not solved, it is not entirely clear what physical interpretation should be given to the wave function or what picture of a microsystem, such as an electron, one should keep in mind. Hence we need the first postulate in which the wave function ψ is only regarded as a mathematical tool to calculate the probabilities of possible result of any measurement on the system. These three postulates revolve around the phenomenon known as the "collapse" or "reduction" of the wave packet. Because there are no reasonable interpretations of this phenomenon, many other questions, such as the wave-particle duality, the perfection of the present quantum mechanics and the problem on epistemology, emerged and have been in dispute for dozens of years without being solved yet. In this paper an attempt is made to deliver a reasonable interpretation on this phenomenon.

The inhomogeneous Schrödinger equation, in which the action of the measuring system is involved, shows that microphysical systems have an intrinsic "collapse" character, so it is appropriate to regard the wave function as a distribution function of the matter wave endowed with the nature of collapse. The measured system will act as a particle and show corpuscular properties when a measurement of position is carried out on it. The particle-measuring conditions are also the conditions of collapse of the wave function, that is, the time-dependent parts of the wave functions of the measured system and the measuring system are the same, and the space-dependent parts in the region of "sink" are in complex conjugate relation to each other. As a result of measurement, the state vector of the measured system changes discontinuously.

Now a more reasonable interpretation can be made on the wave-particle duality of the microphysical system, and a clear physical picture can be provided through the explanation of the two-slit diffraction experiment. Some new views to other questions can be put forward for discussion.

The continuous change of the state vector ψ of the measured system exhibits a wave property. The state vector of the measured system will change discontinuously, and it will collapse into the region where the measuring system had appeared to occupy when a measurement of position is carried out on it and become a localized wave packet. The quantized result of measurement on the measured system shows that the measured system has a corpuscular property. These are the so-called wave-particle dualism and the dualism of two types of changes of the state vector.[1] The former is a statement in respect of physical property; the latter is a formulation in mathematics.

The traditional way to treat a process of measurement concerns the complex system which is composed of the macroscopic apparatus and the measured system. The possible states of the complex system, however, have already been the eventual states into which the macroscopic apparatus and the measured system have changed after a measurement was made. It slips at the critical moment when the measuring system fitting the particle-measuring conditions emerges and the measured system collapses. The collapse becomes an observed macroscopic result through the process of amplification involved in the detection of a microsystem by a macroscopic instrument. In quantum mechanics and quantum field theory, the creation operator A^* (or $A^\dagger$) and the annihilation operator A are in conjugate relation to each other and create or annihilate "particles" through interaction of conjugate states. But because of the use of Dirac notation (state vector), the property of collapse of the matter wave is hidden.

4. THE INTERPRETATION OF THE TWO-SLIT DIFFRACTION EXPERIMENT

Before we examine the two-slit diffraction experiment, it is necessary to explain how an electron system reaches a screen at which it is detected in the form of particle. Here, the expression "electron system" is used in order to emphasize that an electron is a matter wave. An individual electron system emitted from a source S (Fig. 1) arrives at a screen C in the form of a matter wave, which is spreading over a large region of space. Assume that its wave amplitude at C is a complex number $\psi(x)$. In other words, screen C is comprised of a great number of microsystems, such as atoms. Each of them can interact with the electron. According to Sec. 2 of this paper, if in some region ΔV of the screen the state of the microsystem is $\psi'(x')$ and its influence (disturbance) is spreading over the whole space, the electron system will collapse into region ΔV with the probability density $|\psi'(x')|^2$, that is, $|\psi(x)|^2$. The microsystem in the region ΔV of C is called the measuring system in this paper.

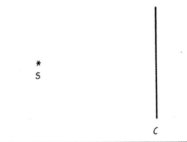

Figure 1. An individual electron system emitted from a source S has arrived at a screen C in the form of a matter wave. The electron system will collapse into some region ΔV of C with the probability density $|\psi'(x')|^2$, that is, $|\psi(x)|^2$.

附件二　The Wave-Particle Duality and the Problem of Measurement

Gu Yi-Ming

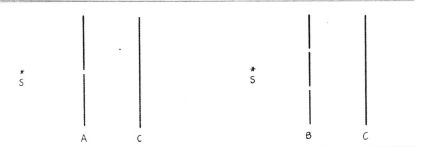

Figure 2. The single-slit diffraction experiment. An electron system emitted from S and a part of its matter wave, which passed through the slit in screen A, have arrived at screen C.

Figure 3. The two-slit diffraction experiment. Source S gave off an electron system, a part of whose matter wave passed through two slits in screen B and has reached screen C.

After the collapse of the electron system, if the energy of the electron system is in accordance with the demand of forming a bound state with a measuring system, that is, the time parts of both systems' states are the same, the collapsed electron system and the measuring system constitute a steady complex system in a bound state. In this course, both states of the systems have changed, a spot appears on the screen, and a position measurement on the electron is finished.

The special region ΔV appears randomly on screen C which is a macroscopic body. So when and where the electron system collapses onto the screen C (i.e., falls upon C in the form of a particle) is random. The spot on the screen is irregular in the experiment as far as a single electron is concerned. This shows positional uncertainty described by the uncertainty relation. This is the sketchy process that an electron system appears on C as a particle. How a spot forms on the screen after the electron's collapse and what the final state of the spot are are some complicated physical or chemical processes and cannot be simply explained. These questions are also not the study of this paper.

Suppose there is a screen A in which there is a slit between source S and screen C (Fig. 2). This is the single-slit diffraction experiment. An electron system emitted from S and a part of its matter wave which passed through the slit in A have arrived at C. The wave amplitude at C was determined by the properties of the single-slit diffraction and written as $\phi(x)$. As above, the electron system will collapse in some tiny region on C according to the probability density $|\phi^*(x')|^2$, that is, $|\phi(x)|^2$. We need to emphasize that before the collapse of an electron system, there is still a distribution of the electron system's matter wave in the space between source S and screen A; in other words, its wave function is normalized in whole space. The influence of the state $\phi^*(x')$ of the measuring system in region ΔV on C can also extend over whole space. This causes that part of the electron system's matter wave, which is between S and A, to also collapse into ΔV. So it is not correct to say that an electron has wholly passed through the slit in A before it falls upon C. One should say that only when an electron system collapses into some region on C at which it is detected, can we conclude that it has wholly passed through the slit in A. It is incorrect to consider that an electron system is localized in some region of space in the form of a particle before it collapses (i.e., before it is detected). In the same kind of experiment on a great number of electrons, a single-slit diffraction pattern yielded by the superposition of all the spots appears on screen C.

Now we give our interpretation of the two-slit diffraction experiment (Fig. 3). Source S emitted an electron system, a part of whose matter wave passed through two slits in screen B and reached C. At C the wave amplitude of the part of the matter wave that has come from slit 1 in B is ϕ_1; similarly, the wave amplitude of the part that has come from slit 2 in B is ϕ_2. Close slit 2 and open slit 1 alone in B, which is the same as the single-slit experiment, and the probability density of the collapse of the electron system at C is given by $P_1 = |\phi_1|^2$; similarly, with slit 2 alone open the probability density is $P_2 = |\phi_2|^2$. With both slits open the wave amplitude at C is $(\phi_1 + \phi_2)$. Because the electron system is measured by the screen C, the probability density of the collapse of the electron system at C is given by $P = |\phi_1 + \phi_2|^2 \neq P_1 + P_2$ (ignoring normalization). It needs to be emphasized that the electron system did not wholly pass through either slits (1 and 2) and fall on C, but its "smearing" matter wave passed through both of the slits and collapsed into the tiny region on C.

Now we place a light source behind the screen B in order to identify which slit every electron passed. If a photon is scattered behind slit 1, it means that the scattered photon measured an electron, that is, the electron system collapsed behind slit 1. After the photon measured the electron, the states of both the electron system and the photon system changed. Naturally the interference of the electron system's wavelets from slit 1 and slit 2 no longer happened. As a result, at screen C the probability density of the electron is given by the sum $P_1 + P_2$.

A hidden-variable theory was given by Bohm and Bub in order to solve the problem of measurement in quantum mechanics.[2] According to their idea, "the statistical results of quantum mechanics are recovered from an ensemble of systems with the same $|\psi\rangle$ vector but with a random distribution for the dual vector $\langle\xi|$ representing the hidden variables." And "the measuring apparatus is regarded as a part of the large-scale environment of the system, and its influence is reflected in a nonlinear deterministic equation of motion by the representation chosen." But as they pointed out, the nonlocal and nonlinear equations of motion supposed by them "suffer from a number of inadequacies."

The basic idea of this paper, however, is that we *do not* regard a quantum system as a particle entity, but as a matter wave with the collapse property, and we think that being constituted by large quantities of microsystems, a macroscopic measuring instrument possesses a statistical property. The statistical property naturally substituted for the randomness of the hidden variable of an ensemble of measured quantum systems. The statistical result of quantum mechanics is caused by this statistical property and the quantized interaction between macroscopic measuring instrument and measured system. Thus any vague hypothesis can be avoided. Furthermore, the equation that describes measurement is linear, the physical meaning of the inhomogeneous term that illustrates measurement is definite and clear, and the inhomogeneous Schrödinger equation involves all reasonable content of the original one.

5. LOCALIZATION OF THE MACROSCOPIC BODY AND MEASURE-FORMING

In this section an interpretation of localization of the macroscopic body will be made according to my opinion of measurement. Here, the "localization" refers to a macroscopic body's character having definite size and shape.

A free electron has been invariably spreading over all space in the form of a matter wave until it met anything that could interact with it. The concrete state of the matter wave could be determined by the preceding conditions, while it could also be regarded as the initial condition of the future state of motion of this electron. The case of a free proton was just the same.

Subsequently, the electron and proton met and constituted a "hydrogen atom" system by interacting. In this system the electron and proton are not "particles" restricted in a tiny region, but matter waves described by the wave function in the Schrödinger equation and spreading in an interaction field. The hydrogen atom is also a matter wave spreading in space. Other atom systems are similar to it.

Interacting atoms form a molecule, and interacting molecules constitute groups of molecules, etc. In a group of molecules each microsystem is interacting with the system composed of the remainder of the group. In my opinion, the microscopic system is measured by the latter and spreads in space in the form of a matter wave. In principle, the distribution of the matter wave of each microsystem can be obtained by finding the solution of the Schrödinger equation, and we can get the result that the matter wave is limited in the well-known region to the size of the nucleus, or atom, or molecule, etc. That is, the microsystem becomes a localized packet and exhibits a so-called particle property.

With the increase of the mass of a system, the inertia of the system increases, and, generally speaking, external influences become more and more feeble as compared with internal interactions. In quantum mechanical terms, measurement on the system as a whole, which must involve an external action on the system, disturbs the system more and more slightly. The localization of the system becomes more and more obvious, and gradually the system gets a certain size and shape-and becomes a macroscopic body.

A microsystem that evidently possesses wave properties will become a wave packet localized in some region and display particle properties because of undergoing a measurement. Microsystems with uncertain dimensions constitute a macroscopic body with a definite size and shape through interaction which I call a kind of measurement. I call this process "measure-forming."

6. DISCUSSION

(1) A microsystem will act as a particle when a particle-measuring experiment is carried out on it. Where the particle appears depends on the region of the measuring microsystem. The uncertainty of the regions of the microscopic measuring systems which fit into the particle-measuring conditions cause the measured microsystems to collapse into different regions. This is regarded as the probability of finding the position of the measured system. This is the so-called uncertainty principle of the position of a microsystem.

(2) In an exchange integral, for example,

$$\int \psi_1^*(\mathbf{r}_1)\psi_2(\mathbf{r}_1)V(|\mathbf{r}_2-\mathbf{r}_1|)\psi_2^*(\mathbf{r}_2)\psi_1(\mathbf{r}_2)\,d\mathbf{r}_2\,d\mathbf{r}_1$$

for two particles the physical sense of the cross terms $\psi_m^*(\mathbf{r})\psi_n(\mathbf{r})$ ($m \neq n$) is not clear and definite. According to the idea of the spreading matter wave, however, it is just the wave intensity of the interference component in the superposition region for two identical microsystems. So the exchange integral expresses that the interference component contributes to the interaction energy. Only the identical particles have the exchange integral. Therefore, it follows that the interference phenomenon can take place among the identical particles as well as two wavelets of an individual particle. This is also the reason why symmetry must be considered for systems of identical particles.

The interference will happen in the superposition region of the spreading matter waves of the identical particles. The wave in the interference region cannot be defined regarding to which particle it belongs. So we cannot tell the two systems of particles apart. Now the electronic cloud can be called just that directly, instead of the probability cloud.

(3) In the past few years several experiments on the correlations between distant events have showed the result that the microphysical systems are not satisfactory to the requirements of the so-called local realistic theories of nature.[3]−[7] The requirements, in fact, have proposed that the two-particle systems of a pair of particles have been separated from each other before a measurement, that is, have tacitly assumed that the microsystems are particles with definite size and each localized into some little region before a measurement. This is incompatible with quantum theory. Since it is admitted that the microsystem has a wave-particle duality, why does the microsystem have to be a real particle with definite size? And from what do we learn that the two correlative microsystems have been separated by a certain distance? In order to answer these questions, we must measure the positions of these microsystems. The measurement has to affect the behaviors of the measured systems. Therefore, before a measurement we cannot be sure that they are two corpuscles with definite size and have been separated by a certain distance.

In order to measure any observable of the microsystems, such as spin, we must finally discover particle measurement, and thus we can determine which particle has the value $\hbar/2$ or $-\hbar/2$. The particle measurement is sure to be accompanied by the collapse of the smearing matter wave of the measured microsystem and influences the state of the other microsystem which correlates with the measured microsystem, for example, a singlet proton pair emitted from source. In principle, the wave function of the whole system of the proton pair, that is, the distribution of matter waves of the whole system spreads over all space. If the left (or right) observing apparatus detects a spin-up proton, the other is bound to detect the other proton with down spin. Before a particle measurement is made, we are not sure which proton has spin up and which has spin down. The measurement on either of the protons surely influences

Gu Yi-Ming

the other proton. The result of the measurement certainly agrees with the prediction of quantum mechanics.

It is also the crux of the well-known EPR paradox.

We can explain the results of these experiments only after admitting that before a measurement the microphysical system has smeared over a wide space with the form of the matter wave, and it will suddenly collapse when a particle measurement is carried out on it.

(4) The fact that the wave function can suddenly collapse, that is, the matter wave of the microsystem is able to collapse in an instant, should not be expected to be encompassed within special relativity. Special relativity, based on some facts of experiment, regards the microsystem as a whole object (i.e., particle) and a basic irreducible entity. The property of collapse is an intrinsic characteristic of the microsystem, outside the realm of special relativity.

Only "particles" can be employed as indivisible units to transmit useful information. The collapse that occurs inside the microsystem is by no means a transmission of any useful information.

The probability interpretation of the wave function implies that the microsystem is a corpuscle with definite size. As a result, it must be in contradiction with the spirit of special relativity.

The idea that the transmission speed of the probability amplitude of a "particle" can be higher than the speed of light is involved in the basic concepts of Feynman path integral formulation of quantum mechanics from which the Schrödinger equation can be derived. In Feynman path integral formulation it is tacitly assumed that a microsystem exists as a particle with definite size, so that this formulation cannot be regarded as a real description of the property of a microsystem; otherwise, it will be contradictory to the spirit of the special theory of relativity. The term "probability amplitude" is used to avoid this trouble. Thus Feynman path integral formulation is only a mathematical tool.

The size of a microscopic particle is the apparent size of the distribution region of the matter wave of the microsystem. It does not have absolute size at all. So, strictly speaking, under the circumstances the size of the elementary particle makes no sense.

(5) As yet, most quantum physicists think that the function only has the significance of probability. Then the wave function of a system with N particles can be regarded as nothing but the function of the probability wave in an abstract space with $3N$ dimensions. The view that we consider the wave function as a distribution function of matter wave endowed with the nature of collapse takes the place of probability interpretation and reveals the microsystem in its true colors. The wave function in coordinate representation describes the behavior of the matter wave of the microsystem in real four-dimensional space-time. So does the wave function of the system with N particles.

It is just the same as that in classical mechanics: the state of motion of N objects in real four-dimensional space-time can be described by a function $f(\mathbf{r}_1, \mathbf{r}_2, \ldots, \mathbf{r}_N, t)$, and no one thinks that the N objects are moving in the imaginary $3N$-dimensional space.

The so-called multidimensional world is only an imaginary excuse and a hypothesis that can never be verified.

The real world is merely a single physical world of space-time. In mathematics any function can be expanded according to a complete set of functions. It is only a figure of speech for mathematics to consider the complete set of functions as a multidimensional world. Nobody will imagine a trigonometric function series to be an infinite dimensional world with something existing in it.

(6) There are two formulations of quantum mechanics: one is the Schrödinger wave mechanics in the form of continuous infinitesimal calculus, and the other is the Heisenberg matrix mechanics of discontinuous algebra. Only when the matter wave's collapse because of being measured is admitted are they of equal value in the sense of the results of measurement.

Only when the property of collapse is involved in the description of microcosm does quantum mechanics become a satisfactory, perfect theory.

(7) The measuring instruments are macroscopic. They are comprised of plenty of microsystems which take the "elementary particle" as an indivisible unit. When the measured system is found as a particle, the change of state of the measuring instrument must be quantization. So must the collapse of the matter wave.

Then I wonder whether further research on the structure inside elementary particles, for example, the electron, proton, and neutron, would remain at the level of conjecture forever. Perhaps electron flux, proton flux, and neutron flux, etc., are measurable, but not the quark flux, because we cannot devise an apparatus that can detect free quarks. There is a famous saying in China: "swallow a date whole." Either you do not eat it, or you have to swallow it whole. So the information inside the "date" will not be ascertained after all.

It is well known that Einstein remained in opposition to the probability interpretation of the wave function. He maintained the belief all his life that nature must have its objective deterministic description. This is upheld by the idea of the current paper that the wave function, which is the description of objective reality, is the distribution function of the microsystem's matter wave, which has the intrinsic collapse character that it will suddenly collapse when a precise measurement of an observable is carried out on it, and the possibility of the collapse of the matter wave is not governed by the microsystem's own will, but by the external conditions of the measurement.

Meanwhile, Bohr and Heisenberg, the representative figures of the Copenhagen school, maintained that it was impossible to give a comprehensive and precise description of a microsystem at one time and the accuracy of the description is kept within bounds of the uncertainty principle, because of the inevitable disturbance of measurement that each observation will destroy the behavior of the microsystem. This opinion found concrete expression in the character of the matter wave of a microsystem that the matter wave will suddenly collapse when it undergoes a measurement. Once this character of collapse, showed by inhomogeneous Schrödinger equation, is regarded as a supplement of quantum mechanics, the present quantum theory will be a perfect and satisfactory one, and the nature of sudden collapse is not contradictory to special relativity.

Thus the dispute on some fundamental problems of quantum theory and epistemological problems for several decades can be settled by the discovery of the collapse character of the matter wave of the microsystem. The idea of collapse character reconciles Einstein's belief and the Copenhagen school's spirit to each other.

Received 16 October 1989.

The Wave-Particle Duality and the Problem of Measurement

Résumé

Une équation non homogène du type de celle de Schrödinger est proposée. On donne un supplément à l'équation de Schrödinger qui amène une bonne interprétation de la dualité onde-corpuscule et du changement discontinu de la fonction d'état causé par une mesure. On peut interpréter la fonction d'état comme une fonction de distribution d'onde de matière s'étalant sur une certaine région de l'espace et dotée de la nature du collapse. Le microsystème mesuré peut être localisé dans une quelque région et montre une nature corpusculaire à cause du fait d'être mesuré. La diffraction par deux fentes est interprétée dans ce scénario et on donne une description du procès par lequel systèmes microscopiques de dimensions indéterminées forment des corps macroscopique de taille et forme précise. On visualise le principe d'indétermination. On explique les propriétés des particules identiques et l'intégrale d'échange. Il est possible aussi d'interpréter les expériences qui montrent corrélation entre événements distants. Le point de vue que le collapse soudain de l'onde de matière à l'instant de la mesure est contenu dans la nouvelle équation de Schrödinger ne contredit pas à l'esprit de la relativité.

Endnotes

[1] In modern quantum theory Green's function

$$G(\mathbf{r}', 0; \mathbf{r}, t) = \sum_k \phi_k^*(\mathbf{r}') \phi_k(\mathbf{r}) \exp[(-i/\hbar)E_k t]$$

is called "propagator." Mathematically speaking it is a general form and is independent of the initial wave function. I think, however, from the physical angle and in the sense of measurement, it is necessary to distinguish between G_k and G. Physics demands concrete physical sense to every mathematical term in a formula that describes motion laws of the physical world. If we set aside the problem that a microsystem, such as an electron or proton, exists as a particle or as a matter wave, one thing we can be sure of is that the motion of a microsystem in space-time is a kind of motion of matter. Although in mathematics Green's function $G(\mathbf{r}', 0; \mathbf{r}, t)$ can be used to obtain the state wave function (at $t > 0$) of an electron system whose initial state (at $t = 0$) is $\phi_k(\mathbf{r})$, in the physical sense the state of this electron system has no other components except the stationary state $\phi_k(\mathbf{r})$, and in the process of its motion, there is no propagation of other components. Hence the propagator for the microsystem whose initial state is $\phi_k(\mathbf{r})$ should be more rationally written as G_k.

[2] The wave function of a hydrogen atom is usually written as

$$\psi_c(X, Y, Z)\psi(x, y, z)\exp[(-i/\hbar)E_c t]\exp[(-i/\hbar)Et],$$

where (X, Y, Z) are the coordinates of the center of mass, (x, y, z) are the relative coordinates, E_c is the kinetic energy of the center of mass, E is the energy of relative motion, and $\psi(x, y, z)\exp[(-i/\hbar)Et]$ describes the relative motion between the electron and the nucleus. It can be a state function that describes the motion of the electron in relation to the nucleus and can also be one that describes the motion of the nucleus in relation to the electron. Which one it is depends on whether the vector of the relative coordinates $\mathbf{r}[|\mathbf{r}| = (x^2 + y^2 + z^2)^{1/2}]$ is from the nucleus to the electron or from the electron to the nucleus.

Nowadays almost all the textbooks on quantum theory suppose that the vector from the nucleus to the electron is $\mathbf{r}$; hence $\psi(\mathbf{r})\exp[(-i/\hbar)Et]$ is the state function describing the motion of the electron in relation to the nucleus.

The $\psi(x, y, z)$ is one solution of the equation

$$\left[-\frac{\hbar^2}{2m}\left(\frac{\partial^2}{\partial x^2} + \frac{\partial^2}{\partial y^2} + \frac{\partial^2}{\partial z^2} \right) + U(x, y, z) \right]\psi = E\psi.$$

On the other hand, $\psi^*(x, y, z)$, which has conjugate relation to the former, is another solution of the equation. That is, the state function of the relative motion between the electron and the nucleus can be $\psi(x, y, z)$ or $\psi^*(x, y, z)$ (ignoring the phase factor $e^{i\Phi}$). Either of them can be used, when we only consider the motion of the electron in relation to the nucleus or the motion of the nucleus in relation to the electron. But when we need to consider the motion of the electron in relation to the nucleus and the motion of the nucleus in relation to the electron at the same time and indicate their relation, if the state function of the former is denoted by $\psi(\mathbf{r})$, then the state function of the latter has to be denoted by $\psi^*(\mathbf{r}')(\mathbf{r}' = -\mathbf{r})$. Because if $\psi(\mathbf{r}')$ is used instead of $\psi^*(\mathbf{r}')$, since $\psi(\mathbf{r}') = \psi(-\mathbf{r}) = \pm\psi(\mathbf{r})$, it is still the state function of the motion of the electron in relation to the nucleus.

Provided that the potential function describing the interaction of the two systems is dependent on the relative coordinates of the two systems, the above conclusion is suitable to any two systems.

References

1. E.P. Wigner, Am. J. Phys. **31**, 6 (1963).
2. D. Bohm and J. Bub, Rev. Mod. Phys. **38** 453 (1966).
3. Bernard d'Espagnat, Sci. Am. **241**, 128 (1979).
4. S.J. Freedman and J.F. Clauser, Phys. Rev. Lett. **28**, 938 (1972).
5. E.S. Fry and R.C. Thompson, Phys. Rev. Lett. **37**, 465 (1976).
6. M. Lamehi-Rachti and W. Mittig, Phys. Rev. D **14**, 2543 (1976).
7. W.K. Wootters and W.H. Zurek, Phys. Rev. D **19**, 473 (1979).

Gu Yi-Ming

Department of Physics
East China Normal University
3663 Zhongshan Road (North)
Shanghai 200062 People's Republic of China

附件三

波粒二象性和测量新释
——揭示量子幽灵的真实面目

【摘要】一个非齐次薛定谔方程 (inhomogeneous schrodinger-type equation) 提出了。给予 schrodinger 方程含义的一个补充，很好地解释了由于测量所引起的状态波函数的不连续变化和波粒二象性。有理由认为波函数是分布于空间的物质波分布函数，且有内禀的塌缩性质。由于测量的结果，被测微观体系局域于一定区域而呈现粒子性。由此解释和描述了衍射实验现象，由不定尺度的微观体系形成为具有一定大小和形状的宏观物体的过程。辨明了隧道效应现象和测不准缘由。解释了全同性粒子的性质和交换积分的物理意义。说明范德瓦尔斯力的本质。澄清了EPR 伴谬，揭示量子纠缠幽灵本质。阐释了薛定谔猫伴谬问题。解读了夸克禁闭原因。微观体系物质波由于受到测量而瞬间塌缩的性质并不违背狭义相对论精神。

【关键词】非齐次薛定谔方程　粒子测量算符　波粒二象性　测量塌缩　物质波　测量成形　测不准原理　EPR 伴谬　量子纠缠　薛定谔猫　隧道效应　范德瓦尔斯力　夸克禁闭

PACS 代码　03.65.Ta,　03.65.Ud

引言

"墨子号"量子通信卫星的上天，宣告量子幽灵从实验室走出，来到人世广庭之中。当今世人的迫切任务是不得不着力于揭开此幽灵的面纱，展示其真实的面目。世人之所以称其为幽灵，是因为受到所谓的量子纠缠问题的困惑：二个量子分离这么远了，怎么仍然有纠缠，相互影响呢？而且是无论分离多远，仍然会瞬时地超光速的影响！我认为，这迷惑的根源恰恰来自于自己的一个错误信念：二个量子已分离这么远了，怎么……

为什么说这原本成对的微观体系是成形的二个粒子呢？又怎么肯定它们是已经分离开，并且已经分离很远？量子力学基本原理中有一条是，要知晓某微观体系情况就要进行某种测量。所以，在进行测量前就根植了"已经分离的二个微观体系"的想法，不仅是主观的想当然，而且已经违反了量子力学基本原理，从而必定产生疑惑。在人们的头脑中，还有一个疑惑是，无论此二量子体系分离多远，它们仍会瞬时超光速地相互影响，岂不违背狭义相对论精神？此幽灵乃是爱因斯坦和玻尔几十年围绕量子力学原理的争论的继续。归根结底的核心问题是量子力学原理中最本质的问题即对波函数的概率解释，波粒二象性和测量问题。

一、非齐次薛定谔方程 [1]

众所周知，由目前流行的量子力学原理，一个微观体系的行为由它的初始状态 $\Psi(\mathbf{r},0)$ 和所服从的薛定谔方程所决定。

$$i\hbar\frac{\partial}{\partial t}\Psi(\mathbf{r},t) = \hat{H}\Psi(\mathbf{r},t) \quad (t \geqslant 0, \mathbf{r} \in \text{全空间}) \quad (1)$$

由数理方法，一个带有源 $i\hbar\Psi(\mathbf{r},0)\delta(t-0)$ 的非齐次薛定谔方程

$$\frac{\partial}{\partial t}\Psi(\mathbf{r},t) = \hat{H}\Psi(\mathbf{r},t) + i\hbar\Psi(\mathbf{r},0)\delta(t-0) \quad (t \geqslant 0, \mathbf{r} \in \text{全空间}) \quad (2)$$

它的特解完全可以代替以上带有初始条件 $\Psi(\mathbf{r},0)$ 的薛定谔方程（1）。式中非齐次项 $i\hbar\Psi(\mathbf{r},0)\delta(t-0)$ 表示了某时刻 $t=0$ 时出现的初始状态。

非齐次薛定谔方程（2）在数学上是属于抛物类型方程，即输运方

程。但由于方程中有了虚数 i，物理上成为描述波动规律。输运方程类型有扰动的传播速度可以无限大的性质。因此，非齐次薛定谔方程就成为描述扰动的传播速度有无限大性质的波动规律。它比起带有初始条件的薛定谔方程（1）更明显、更直接地体现了微观体系的这种内禀性质。

目前流行的传统的齐次薛定谔方程（1）本质上内含有非齐次方程的这种性质，但因无源项而不能明显地直接显示这种性质。

方程（1）的解：

设初始状态 $\Psi(\mathbf{r},0)=\sum\limits_{k}C_{k}\Phi_{k}(\mathbf{r})$ 式中 $\Phi_{k}(\mathbf{r})$ 是 $\hat{H}$ 的本征函数　　　（3）

则

$$\Psi(\mathbf{r},t)=\int G(\mathbf{r}',0;\mathbf{r},t)\Psi(\mathbf{r}',0)\mathrm{d}\mathbf{r}'$$

$$=\int\sum_{k}\Phi_{k}^{*}(\mathbf{r}')\Phi_{k}(\mathbf{r})\exp\left[\left(-\frac{i}{\hbar}\right)E_{k}t\right]\cdot\sum_{k'}C_{k'}\Phi_{k'}(\mathbf{r}')\mathrm{d}\mathbf{r}'$$

$$=\sum_{k}C_{k}\Phi_{k}(\mathbf{r})\exp\left[\left(-\frac{i}{\hbar}\right)E_{k}t\right]\cdot\int\Phi_{k}^{*}(\mathbf{r}')\Phi_{k}(\mathbf{r}')\mathrm{d}\mathbf{r}'$$

$$(t\geqslant0,\mathbf{r}\in\text{全空间})\qquad(4)$$

式中 $G(\mathbf{r}',0;\mathbf{r},t)=\sum\limits_{k}\Phi_{k}^{*}(\mathbf{r}')\Phi_{k}(\mathbf{r})\exp\left[\left(-\frac{i}{\hbar}\right)E_{k}t\right]$　　　（5）

称为传播子（propagator）

方程（2）的特解：

$$\Psi(\mathbf{r},t)=\theta(t-0)\int\sum_{k}C_{k}\Phi_{k}(\mathbf{r}')\exp\left[\left(-\frac{i}{\hbar}\right)E_{k}t\right]\Phi_{k}^{*}(\mathbf{r}')\Phi_{k}(\mathbf{r})\mathrm{d}\mathbf{r}'$$

$$=\theta(t-0)\sum_{k}C_{k}\Phi_{k}(\mathbf{r})\exp\left[\left(-\frac{i}{\hbar}\right)E_{k}t\right]\cdot\int\Phi_{k}^{*}(\mathbf{r}')\Phi_{k}(\mathbf{r}')\mathrm{d}\mathbf{r}'\qquad(6)$$

式中 $\theta(t-0)$ 是单位阶跃函数。与方程（1）的解（4）完全一样。

二个方程的具体解的形式中，都有 $\int\Phi_{k}^{*}(\mathbf{r}')\Phi_{k}(\mathbf{r}')\mathrm{d}\mathbf{r}'=1$ ，其中 $\Phi_{k}^{*}(\mathbf{r}')$ 是 $\Phi_{k}(\mathbf{r}')$ 的共轭态。虽然 $\int\Phi_{k}^{*}(\mathbf{r}')\Phi_{k}(\mathbf{r}')\mathrm{d}\mathbf{r}'=1$ 对解的结果并未提供有效的量，但是其有重要的物理含义。下述。

二、共轭态 $\Phi_k^*(\mathbf{r})$ 的物理意义

具体地，如氢原子状态。在几乎所有的量子力学书籍中，定态波函数 $\Phi_k(\mathbf{r})$ 是描述电子体系相对于原子核质子体系的状态波函数。它是哈密顿算符 H 的本征方程解

$$\hat{H}\Phi_k(\mathbf{r}) = E_k\Phi_k(\mathbf{r}) \tag{7}$$

$\mathbf{r}$ 是从质子体系到电子体系的矢量。

而其共轭态 $\Phi_k^*(\mathbf{r})$ 同样也是上方程（7）的解。即电子相对于原子核质子的相对运动状态可用 $\Phi_k(\mathbf{r})$ 也可用 $\Phi_k^*(\mathbf{r})$ 来描述。另一方面，既然方程 (7) 是描述电子体系与质子体系的相对运动状态，故同样也可以描述质子体系相对于电子体系的相对运动状态 $[\mathbf{r} \rightarrow \mathbf{r'} = (-\mathbf{r})]$。当我们需要同时考虑电子体系相对于质子体系的运动状态和质子体系相对于电子体系的运动状态并要指明它俩的关系时，如果前者由 $\Phi_k(\mathbf{r})$ 表示，则后者必是 $\Phi_k^*(\mathbf{r'})$ 表示（$\mathbf{r'} = -\mathbf{r}$）。就是说，构成一复合体系的相互作用的二体系状态，空间部分互为共轭关系。只要描述二体系的势函数是二体系的相对坐标函数，以上结论对任意两体系都是适用的。

三、波粒二象性和测量新释

1. 波函数是微观体系的物质波分布函数

用宏观仪器对微观体系进行测量，显然是宏观仪器中的微观体系与被测微观体系相互作用经过连锁反应放大成宏观效应而呈现的结果。例如在衍射实验中的屏幕用来观察被测微观体系出现的位置斑点，用来观察的屏幕装置是由许多大量的微观体系组成。由于被测微观体系的波函数是分布于整个空间，故这许多大量的微观体系都能与此被测微观体系相互作用。这大量的微观体系每一个都可看作是一个测量体系。那么，为什么每次测量斑点是不确定地落在某处而不是其他的区域位置呢？是被测微观体系的主观意志或是其他因素所决定？本书观点是由大量的微

观测量体系情况所决定的。解述如下。

在斑点形成前的测量过程中，这大量的微观测量体系中，如果在某时刻 t_1 在某空间区域 ΔV，偶然出现状态

$$\Psi'(\mathbf{r}',t_1) = \Phi_k^*(\mathbf{r}') \exp\left[\left(-\frac{i}{\hbar}\right)E_k t_1\right] \qquad (\mathbf{r}' \in \Delta V) \qquad (8)$$

于是，区域 ΔV 中此微观测量体系的状态，可由如下非齐次薛定谔方程的特解来描述：

$$i\hbar\frac{\partial}{\partial t}\Psi'(\mathbf{r}',t_1) = \hat{H}'\Psi'(\mathbf{r}',t_1) + i\hbar\Phi_k^*(\mathbf{r}')\exp\left[\left(-\frac{i}{\hbar}\right)E_k t_1\right]\delta(t-t_1)$$
$$(\mathbf{r}' \in \Delta V) \qquad (9)$$

式中 $\hat{H}'$ 是微观测量体系与被测微观体系在 ΔV 区域中相互作用的哈密顿算符，且满足关系

$$\hat{H}'\Phi_{k'}(\mathbf{r}') = E_k \Phi_{k'}(\mathbf{r}') \qquad (\mathbf{r}' \in \Delta V) \qquad (10)$$

定义：瞬时 t_1 对本征态 $\Phi_k(\mathbf{r})$ 的粒子测量算符

$$\hat{M}_k(t_1) \equiv \int \Phi_k^* d\mathbf{r} \exp\left[\left(-\frac{i}{\hbar}\right)E_k t_1\right]$$
$$= \hat{M}_k \exp\left[\left(-\frac{i}{\hbar}\right)E_k t_1\right] (\mathbf{r} \in 全空间) \qquad (11)$$

方程（9）可写为

$$i\hbar\frac{\partial}{\partial t}\Psi(\mathbf{r}',t_1) = \hat{H}\Psi(\mathbf{r}',t_1) + i\hbar\hat{M}_k(t_1)\delta(\mathbf{r}-\mathbf{r}')\delta(t-t_1)$$
$$(\mathbf{r}' \in \Delta V, \mathbf{r} \in 全空间) \qquad (12)$$

方程（12）其特解是

$$\Psi(\mathbf{r}',t_1) = -\frac{i}{\hbar}\theta(t-t_1)[i\hbar\hat{M}_k G(\mathbf{r}',0;\mathbf{r},t)]$$
$$= \theta(t-t_1)\Phi_k^*(\mathbf{r}')\exp\left[\left(-\frac{i}{\hbar}E_k t\right)\right]\cdot\int\Phi_k^*(\mathbf{r})\Phi_k(\mathbf{r})d\mathbf{r}$$
$$(\mathbf{r}' \in \Delta V, \mathbf{r} \in 全空间) \qquad (13)$$

也可写成

$$\Psi(\mathbf{r}',t) = \theta(t-t_1)\hat{M}_k G_K(\mathbf{r}',0;\mathbf{r},t) \quad (\mathbf{r}' \in \Delta V, \mathbf{r} \in 全空间) \qquad (14)$$

式中 $G_K(\mathbf{r}',0;\mathbf{r},t) = \Phi_k^*(\mathbf{r}')\Phi_k(\mathbf{r})\exp\left[\left(-\dfrac{i}{\hbar}E_k t\right)\right]$　我称之为定态传播子，

以区别于通常的传播子 $G(\mathbf{r}',0;\mathbf{r},t) = \sum_k \Phi_k^*(\mathbf{r}')\Phi_k(\mathbf{r})\exp\left[\left(-\dfrac{i}{\hbar}E_k t\right)\right]$ （我称之为定态迭加态传播子）

一般地，在某时刻 t_1 在某空间区域 ΔV 内测量体系状态假定为

$$\Psi'(\mathbf{r}',t_1) = \sum_{k'} C_{k'}\Phi_{k'}^*(\mathbf{r}')\exp\left[\left(-\dfrac{i}{\hbar}\right)E_k t\right] \quad (\mathbf{r}' \in \Delta V) \qquad (15)$$

相应非齐薛定谔方程为

$$i\hbar\frac{\partial}{\partial t}\Psi = \hat{H}\Psi + i\hbar\sum_{k'} C_{k'}\Phi_{k'}^*(\mathbf{r}')\exp\left[\left(-\dfrac{i}{\hbar}\right)E_k t\right]\delta(t-t_1) \quad (\mathbf{r}' \in \Delta V) \qquad (16)$$

定义：瞬时 t_1 对定态迭加态的粒子测量算符

$$\hat{M}_k(t_1) \equiv \sum_{k'} C_{k'}\hat{M}_{k'}\exp\left[\left(-\dfrac{i}{\hbar}\right)E_k t\right] \qquad (17)$$

方程式（16）成为

$$i\hbar\frac{\partial}{\partial t}\Psi = \hat{H}'\Psi + i\hbar\hat{M}(t_1)\delta(t-t_1)\delta(\mathbf{r}-\mathbf{r}') \quad (\mathbf{r}' \in \Delta V, \mathbf{r} \in 全空间) \qquad (18)$$

其特解为

$$\Psi(\mathbf{r}',t) = \theta(t-t_1)\sum_{k'} C_{k'}\hat{M}_{k'}(t_1)G(\mathbf{r}',0;\mathbf{r},t)$$

$$= \theta(t-t_1)\sum_{k'} C_{k'}\Phi_{k'}^*(\mathbf{r}')\exp\left[\left(-\dfrac{i}{\hbar}\right)E_k t\right]\cdot\int\Phi_{k'}^*(\mathbf{r})\Phi_{k'}(\mathbf{r})\mathrm{d}r$$

$$(\mathbf{r}' \in \Delta V, \mathbf{r} \in 全空间) \qquad (19)$$

需要指出的是，从式（8）至式（19）中的 ΔV 区域可以扩展至全空间。

从方程（9）、方程（12）和特解（13）可看出，在某时刻 t_1 在某空间 ΔV 区域中，微观测量体系偶然出现的状态能瞬时影响到整个空间。我们也可以说在 ΔV 中有一个粒子测量算符，致使原先分布于整个空间

的被测量体系正交归一化。事实上，这正是表明被测量体系的塌缩性。被测量体系能突然的并缩并定域于 ΔV 内，显示在屏幕上斑点。这微观体系的塌缩性质允许我们认为波函数就是微观体系的物质波分布函数。

　　薛定谔方程或非齐次薛定谔方程在数学上是属于抛物型方程即输运方程。由于方程中有了虚数 i，物理上就成为描述波动规律。抛物型方程的一个重要特征是扰动的传播速度有无限大的性质。于是薛定谔方程和非齐次薛定谔方程成为描述扰动的传播速度有无限大性质的波动规律。这种性质导致了微观体系物质波的塌缩。带有源项的非齐次薛定谔方程比起带有初始条件的薛定谔方程清楚直接地显示了这种性质。微观体系物质波的瞬间塌缩性质并不违背狭义相对论精神。(见下述)

　　2. 波粒二象性和测量新释

　　当一个电子体系和一个质子体系由相互作用构成氢原子系统时，我们可以说这个质子体系抓获了这个电子体系，也即测量到一个电子体系，把它定域于相互作用的区域中。同样也可以说此电子体系俘获了此质子体系，测量到一个质子体系。它们的状态波函数都满足同一个薛定谔方程。二个体系的存在是产生相互作用的前提。但是，一般我们总是描述二个体系状态的其中一个。正如氢原子，总是描述电子体系相对于质子体系的状态。如若为 $\Psi(\mathbf{r},t)=\Phi_k(\mathbf{r})\exp\left[\left(-\dfrac{i}{\hbar}\right)E_k t\right]$。如果我们想要描述质子体系相对于电子体系的状态，则恰是 $\Psi'(\mathbf{r}',t)=\Phi_k^*(\mathbf{r}')\exp\left[\left(-\dfrac{i}{\hbar}\right)E_k t\right]$（ $\mathbf{r}'=-\mathbf{r}$ ）。就是说，由相互作用而组成复合系统的二个体系的状态波函数，它们的关系是，与时间相关的部分是相同的；与空间有关的部分是互为共轭关系。

　　从方程（9）和方程（16）与它们的解（13）和（19）我们可知，在瞬时 t_1 在 ΔV 区域中出现测量体系的状态 $\Psi'(\mathbf{r}',t_1)$ 能瞬时地影响到整个空

间，归一化早先分布于整个空间的被测体系状态。导致被测体系突然塌缩于测量体系所居的区域中。正如实验中所观测到的，被测量到的体系出现在某处。这塌缩的可能性，很自然合理地认为是与"源"的总相对强度 $\int_{\Delta V}|\Psi'|^2 dV$ 成正比。从被测体系来说，此"源"可以认为是"阱"。

$\int_{\Delta V}|\Psi'|^2 dV$ 可以说成是被测体系的"阱"的总相对强度。从测量意义上来说，这塌缩的可能性也即正比于被测量体系在 ΔV 区域中的总相对强度 $\int_{\Delta V}|\Psi'|^2 dV$（在 ΔV 区域 $|\Psi'|^2=|\Psi|^2$）。因此，被测微观体系以粒子形式在时刻 t 出现于空间 r 处附近的概率密度即是 $|\Psi(\mathbf{r},t)|^2$，也就是当前流行的概率解释。

这里，特别要强调的是，如果离开了"测量"，被测微观体系的波函数 $\Psi(\mathbf{r},t)$ 的概率解释将无意义。

微观体系以粒子形式将出现在某处的概率，不是微观体系的主观意识，而是由外界的测量条件所决定。微观体系也遵循因果关系。测量意义上的"概率解释"也符合因果律。

方程（8）至方程（19）中的区域 ΔV 可以扩展至整个空间。此时测量体系在 t_1 时刻的状态为

$$\Psi'(\mathbf{r}',t_1)=\Phi_k^*(\mathbf{r}')\exp\left[\left(-\frac{i}{\hbar}\right)E_k t_1\right]\ (\mathbf{r}\in 全空间)$$

相应于被测体系的测量成为哈密顿算符 H（或包含 H 的完全集算符）的本征态测量。

就算符 H 的本征态测量而言，因为"阱"的总相对强度为 $\int_{全空间}|\Phi_k^*(\mathbf{r})|^2 dV=1$，概率为 1。

按照式（13）和方程（14），被测量体系的状态可以是算符 H 的本征态 $\Phi_k(r)\exp\left[\left(-\frac{i}{\hbar}\right)E_k t\right]$ 也可以是选加态 $\sum_k C_k \Phi_k(\mathbf{r})\exp\left[\left(-\frac{i}{\hbar}\right)E_k t\right]$。被

测量后就变成为算符 H 的本征态 $\Phi_k(\mathbf{r})\exp\left[\left(-\dfrac{i}{\hbar}\right)E_k t\right]$。这就是测量所导致的波函数约化。

另方面，在迭加态的测量中，发现本征态的条件之一是被测量体系状态的波函数中必须要有分量 Φ_k。很自然，对于大量的测量而言，发现本征态 Φ_k 或本征值 E_k 的次数是正比于所含分量 Φ_k 的强度 $|C_k|^2$。换言之，发现本征值 E_k 的概率是 $|C_k|^2$。

为什么每次测量物理量的可能值必是本征值中之一，那是由于量子化相互作用结果，是测量体系的本征态所致。而这是由测量目的条件所定的。

目前所流行的量子力学是基于三条独立的基本假设：

（1）量子力学体系的状态由连续的正交归一的波函数 $\Psi(\mathbf{r},t)$ 描述。它决定了对它做测量的可能结果的概率。

（2）这波函数服从一决定性的运动方程，即薛定谔方程。

（3）对体系进行由算符 A 所表示的可观察量测量时，在得到本征值 A_i 的明确测量后，波函数 $\Psi=\sum_i C_i\Phi_i$ 成为 A 的本征态 Φ_i（即所谓波函数约化或波包塌缩现象）。

由于波粒二象性的疑惑和测量何以会引起波包塌缩的现象问题没有解决，不清楚应该给予微观客体以一个什么样的物理图像，因此需要第一条假设。认为波函数只是作为一种数学工具，是用来计算对它测量任何物理量的可能结果的概率。薛定谔方程是描述扰动的传播速度具有无限大性质的波动规律，反映了量子力学体系的一种本性。这是第二条假设的深刻意义。而非齐次薛定谔方程形式能更直接更明显地反映这种塌缩的内禀性质。就哈密顿算符 H 的测量而言，第三条假设事实上与第二条假设有关，是第二条假设的必然结果。

如前述，例如当一个自由电子体系和一个自由质子体系通过相互作用构成氢原子系统时，我们可以说这质子体系抓获了这电子体系，把它定域于相互作用的区域中。可以说这质子体系测量到一个电子体系。这个电子体系的状态从自由行为的状态变为束缚行为状态，成为哈密顿算符本征态之一。这可看作质子体系对电子体系进行哈密顿算符 H 的测量，在得到能量本征值之后，电子体系的波函数从迭加态变为哈密顿算符 H 的本征态。这就是所谓测量导致波函数的约化。由于量子力学体系具有扰动传播速度无限大的性质，因此由测量所引起的电子体系状态的变化是瞬即的。波包塌缩是突然的。至于为什么在每一物理量的测量中能且仅能测量到的可能值是本征值之一，这是双方体系量子化的相互作用之故。传统上处理测量过程是把宏观仪器与被测微观体系构成一复合系统来考虑。这已是测量过程完成后复合系统的可能状态了。是宏观仪器和被测量体系在完成测量后都已经变化了的状态。恰恰放过了关键的一刻，即正当符合粒子测量条件时，测量体系使被测体系塌缩的一瞬间。

在量子力学和量子场论中，产生算符 A^+(或 A^*) 和消灭算符 A 互为共轭关系，就是通过共轭态的作用来产生和消灭粒子的。但是，自从用了此狄拉克符号后，物质波的塌缩性质就被隐藏了。从而不得不把测量效应使波包塌缩的事实当作是一条假设来提出。

这三条假设的核心是围绕波包的塌缩现象。包含测量体系的非齐次薛定谔方程，表明了微观体系具有内禀的塌缩性质。从而合理地赋予波函数的本质是具有塌缩性质的物质波分布函数。当对它实施并做出位置的测量后，由于量子化的作用所呈现的颗粒性，被测体系表现为粒子性。粒子测量条件也即是波函数塌缩的条件。就是被测体系波函数的时间部分与测量体系的波函数时间部分相同，空间部分在"阱"的区域内互为共轭关系。测量结果导致被测量体系状态发生不连续的变化。

现在，对微观体系的波粒二象性可以做出一个合理的形象化的物理图像描述了。被测微观体系状态波函数的连续性演化表现出体系的波动性。即微观体系运动过程中呈现波动性。当对它做出位置的测量后，塌缩于测量体系所占据的区域，发生了不连续的变化，成为定域性波包。这量子化的测量结果使被测量体系呈现颗粒性。这就是被测量微观体系的波粒二象性和状态波函数（即态矢）二种变化的二象性。前者是物理性质描述，后者是数学上形式表述。

四、微观体系物质波能瞬间塌缩的性质不违背狭义相对论精神

狭义相对论是基于实验基础上的理论。是把微观体系作为一个基本的实整体即"粒子"而言的理论。它断言一切物质（体）的运动速度极限是真空光速。是说，大到宏观物体，小到微观"粒子"，整体的运动速度绝不会超过真空光速。而微观体系的塌缩性是微观体系的内禀性质，可以不受狭义相对论的约束。它的突然瞬间塌缩性并不违反狭义相对论精神。波函数的概率解释暗示了微观体系是具有固定大小的"粒子"，就难免要与狭义相对论抗争。

量子力学的另一表述方式——费曼的路径积分形式，在它的基本思想中就有粒子的概率幅可以超光速传播。由于费曼也是默认微观体系是一定大小的粒子，公式就不能作为微观体系性质的真实描写，否则将要违背狭义相对论精神。"概率幅"就是用来避免麻烦的词语。从而费曼路径积分也仅只是一种数学公式了。

本书对微观体系的波粒二象性和测量新释，认为波函数是微观客体物质波分布函数，是对微观客体实在的描述；这种物质波具有内禀的塌缩特性，当受到测量时会突然瞬间塌缩且不违背狭义相对论精神。另一方面，由于塌缩的禀性，每次观察的确要破坏该微观客体的行为，从而对它不可能同时做完整的形象化描述，要受到测不准关系的约束。这样，现有的量子理论才不失为是一个完备的满意的理论。它也并不与狭义相对论抗争。微观体系物质波及其塌缩性质的提出，是担当了爱因斯坦信

仰和玻尔哥本哈根精神之间的调解人。

微观粒子体系的大小是微观体系物质波分布区域的表观大小，它由作用场控制决定。因此，它根本无绝对固定的尺度。所谓"基本粒子"的"大小"是无意义的。

五、单缝和双缝衍射实验解释

在解释衍射实验前，先要了解一个微观体系例如一个电子体系是如何以粒子形式出现在作为探测器的观察屏幕上的。由源 S 发射出来的一个电子体系（图 1）

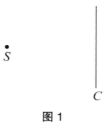

图 1

是以物质波形式传播并弥散于空间中。假定此物质波传到屏幕 C 处的波幅是 $\Psi(x)$，作为探测器的屏幕 C 是由大量原子分子微观体系所组成，它们中的每一个都能与此电子体系物质波发生相互作用。按前述的本文观点，如果在屏幕 C 的某区域 ΔV 中的微观体系状态出现为 $\Psi^*(x')$（$x' \in \Delta V$），由于其扰动能够影响到整个空间，且符合塌缩此电子体系物质波的条件，此电子体系将以概率密度 $|\Psi^*(x')|^2$ 也即 $|\Psi(x)|^2$ 塌缩于区域 ΔV 中。ΔV 中的微观体系就是本书所称谓的测量体系。如果，此塌缩的电子体系与测量体系相互作用的能量符合与测量体系构成束缚态的要求，即两者的状态时间部分是相同的，为 $\exp\left[\left(-\dfrac{i}{\hbar}\right)E_n t\right]$，则此塌缩了的电子体系与测量体系构成稳定的复合体系。在这过程中，两者状

态都发生了变化。在屏幕 C 上显示为斑点，完成了对电子体系的一次位置测量。

这宏观屏幕 C 上特殊区域 ΔV 的出现是随机的，因此，由源 S 发射出的电子体系物质波何时塌缩（即以粒子形式出现）于屏幕 C 上何处也是随机的。正如实验中所见，就单个电子体系实验而言，屏幕上的斑点出现是无规则的。体现了位置的不确定性。

以上是电子微观体系以粒子形式出现于屏幕 C 上的原理和大致过程。至于电子体系塌缩后在屏幕上如何形成斑点，斑点的状态又怎样，这是较为复杂的物理和化学过程，不是本书所讨论的内容。

现在讨论单缝衍射实验现象。在源 S 和屏幕 C 之间放置一个带有一窄缝的屏 A（图 2）。

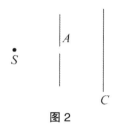

图 2

由源 S 发射出的一个电子体系，其物质波的一部分透过屏 A 上的缝到达屏幕 C。其在屏幕 C 处的波幅由通常的单缝衍射性质所决定。设为 $\varphi(x)$，由前所述，电子体系塌缩于屏幕 C 上 ΔV 区域内的概率密度即为 $|\varphi^{*}(x')|^{2}$ 也即 $|\varphi(x)|^{2}$。需要强调指出的是，电子体系在塌缩前仍有物质波分布于源 S 和屏 A 间的空间中。换言之，电子体系波函数仍是分布于整个空间。屏幕 C 上 ΔV 区域中出现的微观测量体系的状态 $\varphi^{*}(x')$ 其扰动仍能影响到整个空间，使在源 S 与屏 A 空间中的属于此电子体系的部分物质波塌缩于 ΔV 中。在这电子体系塌缩于屏幕 C 前，我们不能说此电子体系先整个地通过屏 A 上的缝，然后投到屏幕 C 上。只有当电

子体系塌缩于屏幕 C 上某区域被探测到,才能下结论说,它整个地通过了屏 A 上的缝。同样,在电子体系被探测到前,更不能说此电子体系是以粒子形式定域于某空间区域中。大量的这相同电子体系的实验,在屏幕 C 上产生的大量斑点,就形成通常的单缝衍射图形。

对双缝衍射实验(图3)现象解释如下。

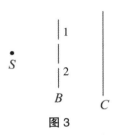

图3

由源 S 发射出的电子体系物质波一部分透过屏 B 上的二个缝。其中透过缝1的物质波到达屏幕 C 的波幅设为 Φ_1,透过缝2的物质波到达屏幕 C 的波幅设为 Φ_2。若只开其中一缝而关闭另一缝,则就是单缝衍射。电子体系在屏幕 C 上的概率密度分别为 $P_1 = |\Phi_1|^2$ 和 $P_2 = |\Phi_2|^2$。如果二缝都开着,在屏幕 C 上的波幅将是 $(\Phi_1+\Phi_2)$。电子体系在屏幕 C 上的塌缩概率密度则是 $P = |\Phi_1+\Phi_2|^2 \neq P_1+P_2$(忽略归一化)。大量的这相同电子体系的实验结果就形成熟知的双缝衍射图形。同样需要强调的是,此电子体系既不是整个地穿越缝1,也不是整体地通过缝2后出现于屏幕 C 上,而是其弥散物质波透过二缝塌缩于屏幕 C 上某小区域中,成为所见的斑点。

如果在屏 B 的缝后面放置一个光源以观察确定电子体系到底是通过哪个缝。若一个光子体系是在缝1后被散射,这意味着被散射的光子体系测量(观察)到此电子体系,也即此电子体系在缝1后塌缩。电子体系和光子体系的状态都发生了变化。原本透过缝1和缝2的电子体系物质波子列相互干涉的现象就不再发生。

　　由 D. Bohm 和 J. Bub 提出的隐变量理论，试图解决量子力学中的测量问题[2]，对量子体系的动力学运动状态进行决定论式的描述。他们把原来的薛定谔方程修改为非定域、非线性的运动方程。其基本思想也是把测量过程认作是量子体系与宏观仪器的一个相互作用过程。把量子体系看成是一个固有"粒子"实体，假设其有隐藏的随机分布的性质。把宏观测量仪器当作为一整体，假设其有还不清楚机制的选择性。在实验过程中，宏观仪器从所假设的量子体系隐变量的随机分布中做出选择性的结果。但正如作者本人所指出的，非定域性和非线性的运动方程必带来一系列的问题。方程中反映宏观仪器测量作用的非线性项也难以提供反映测量过程相互作用机制的一点情况。附加于描述量子体系的隐变量假设更缺乏物理上实质性的含义。

　　本书的基本思想是，根据薛定谔方程形式所固有的性质，有理由不把量子体系看成是一个固有"粒子"形式实在，而是由衍射实验事实为铁证的"波"的形式实在；宏观仪器认定为是由具有统计性质的大量微观体系所构成的系统，它自然地替代了被测量量子体系隐变量的随机性。避免带进任何含糊的假设。测量的作用可由修改补充后的定域的、线性的非齐次薛定谔方程所描述。反映测量作用的非齐次项的物理意义是明确的。而且修改后的方程包含了原有量子力学薛定谔方程的一切内容。

六、测量成形和宏观物体的定域性

　　一个自由电子体系是以实质波的形式弥散于三维实在空间中。如果遇到一个质子体系，相互作用构成一个氢原子体系，此电子体系仍以弥散波形式定域于与质子体系相互作用的场中。同样，在未遇到电子体系以前，自由的质子体系也是以实质波形式弥散于三维实在空间中。遇到电子体系，相互作用构成一个氢原子体系，此质子体系仍是以弥散波形式定域在与电子体系相互作用的场中。由于电子体系与质子体系都不是定域性的"粒子"，故构成的氢原子体系仍然是以实质波的形式弥散于三维实在空间中。其他的自由的原子体系也同理。

由相互作用，电子、质子、中子等等体系构成原子核、原子体系并组成分子体系，继而分子集团体系等，在集团里的每一微观体系是与此集团的其余体系相互作用着，以物质波的形式分布于作用场的区域中。按本书观点，即每一微观体系都是被集团的其他成员测量着。无论是电磁场相互作用还是核力场相互作用，原则上可由薛定谔方程解得各分区域，结果是局域于通常所说的原子核、原子、分子等等尺度内。原子、分子等等微观体系成为定域的波团和显示所谓的"粒子性"。

所谓宏观物体的定域性是指宏观物体具有一定的形状和大小的特征。在由微观体系通过相互作用构成宏观物体的过程中，随着系统物质增加，系统惯性增加，通常情况下，外界影响与内部的相互作用比较起来越来越小，以量子力学的术语来说，对这整个系统所做的测量，即对这系统施以外部的作用引起的扰动影响，也越来越小，系统的定域性也就越来越明显。整个系统逐渐具有一定的大小和形状而成为宏观物体。正如我们通过光线观察宏观物体时不会改变此物体的大小和形状。从而感觉到此宏观物体具有定域性。

由不定尺度的微观体系，通过相互作用即我称谓的一种测量，构成具有一定尺度和形状的宏观物体，我称之为"测量成形"（measure-forming）。

七、澄清了 EPR 佯谬揭示量子纠缠幽灵的面目

从量子力学诞生起就存在着对波函数物理含义的争论。爱因斯坦和玻尔曾为此争论数十年而始终未能求得统一的意见。以玻尔、海森堡为代表的哥本哈根学派，认为科学关注的只是可观察的事物；对微观客体的描述由于不可避免的测量干扰，每次观察都破坏了微观客体的行为，

因此对它不可能同时作完整的形象化描述；不可能确定它与观察现象方式无关的属性，不能用形成知觉的空间时间概念来描写；"波"和"粒子"二字眼只是我们用日常语言所作的类似比喻，恰当描述只能用抽象的数学语言来全面表达。因此，波函数只是计算工具而言，没有客观实在性。按目前一般公认的看法，它只具有概率的意义。[2]

以爱因斯坦为代表的一些科学家，则始终反对仅满足于概率的解释。认为自然界必然有其决定论式的描述。微观客体作为一个实体，一定能对其做出不依赖于观测条件的精确而合理的客观描述；统计性预言只不过是现有量子理论不完备；完备态应由附加于哥派量子态以外的现在人们还不知道的某些隐变量来确定。[2]

1935年，爱因斯坦、波多尔斯基和罗森合写了一篇文章《能认为量子力学对物理实在的描述是完备的吗？》。他们从定域实在论的观点出发，借助一个思想实验，对量子力学提出了一个质疑：要么量子力学对物理实在的描述是不完备的；要么存在着一种瞬时的超距作用。这就是众所周知的EPR佯谬。也就是量子纠缠现象的疑惑。

20世纪70年代，相继完成一些关于远隔粒子量子关联实验[3][4]。结果表明量子力学的预言是正确的，从而不得不要在非实在论或非定域性二者中做出痛苦的选择。若选择前者，那将会动摇整个物理学大厦，是最不愿意的；若选择后者，这又将把量子论放在与相对论对立的地位。

几十年来，国内外不乏有追求真理的科学家在苦苦探索着这量子力学原理中的微观物质世界的奥秘。直至2016年上半年我国的"墨子号"量子信息通信卫星的上天，宣告量子纠缠现象已走出实验室，量子幽灵来到大庭广众之中。量子纠缠已不是实验室距离范围内的纠缠，而是几百上千公里远的纠缠！原则上这纠缠距离可以无限！量子纠缠现象不但确确实实，而且已实在的应用。我们只能肯定它。当前迫切的任务是揭示它的真实面目。本书的理论观点就是一个合理的诠释。

从哥本哈根的概率解释中，本质上还是把微观体系看成"粒子"。似乎有主观意图，以概率的方式出现于空间。这难免要与爱因斯坦相争。并且产生认识论方面的迷雾。爱因斯坦的实在定域性的质疑，显然是把微观体系看成是粒子性为前提的。

在人们的头脑中，"粒子"的形象观点是太根深蒂固了。光子、电子、中子、质子、原子、分子等等都冠予一个"子"。从而无法清除非定域性、远距离相关性（即纠缠性）等带来的疑惑。都被一个信念所困扰着：二个粒子分离这么远了，怎么会有纠缠，相互会影响呢？这迷惑的根源恰恰是自己的固有信念：二个粒子分离这么远了，怎么……为什么在实验测量前就根植了这二个相关的粒子体系是各具有一定尺度的粒子？凭什么断言它俩已经分离很远了？量子力学原理中根本一条就是，要知晓某粒子体系情况就要进行测量。所以，原先固有的认为二粒子体系已分离很远的想法，实际上已违反了量子力学原理，从而必定产生困惑。在人们的思想中，若不如此，则产生另一个疑惑：若微观体系不是一定尺度大小的粒子而是弥散物质体系，则何以能突然塌缩于很小区域如测量所见显示为粒子？岂不是违背狭义相对论精神吗？深陷于既非粒子又非波，又既是粒子又是波的悖论痛苦之中。

按本书的理论观点，只要认为微观体系的形态是由波函数描述的弥散物质波，受到粒子测量时具有瞬间塌缩的内禀性质，一切疑难就迎刃而解了。由于对微观体系的任何可观察物理量的测量，必定跟随粒子测量。如在质子或光子的对关联实验中自旋物理量的测量。我们必须要测定是哪个粒子具有自旋 $h/2$ 或（$-h/2$）。而粒子的测量必定伴随该被测量微观体系弥散物质波的塌缩，从而影响与之关联的另一微观体系的状态。由源发射的一对相关联质子体系，作为整个体系物质波由波函数表明分布于广大空间。无论哪一侧观测装置都可以测量到自旋向上或向下的质子体系。这由测量装置目的设置所定。但是，若某一侧观测装置探测到一个自旋向上的质子，即塌缩了一个自旋向上的质子体系物质波，势必影响到余下的物质波，使其成为确定自旋向下的质子体系物质波。从而另一侧观测装置一定是测得自旋向下的质子。反之亦然。从而测量的结果必定符合量子力学预期。

光子对的量子纠缠现象，完全同理。

微观体系物质世界中，扰动的速度可无限大的内禀性质，真是匪夷所思！但就是千真万确的事实，并已实际应用。理论上，是量子力学波动基本方程即薛定谔方程的显示结果。若认为目前的量子力学理论是正确的（那是理所当然），那也同样肯定了非齐次薛定谔方程的正确性。也就肯定了本书观点的理论依据，是直至目前最合情最合理的对量子力学原理中疑惑的诠释。本书理论观点是对原有量子力学原理的补充，使量子理论成为一个完备的满意的理论。

从自然科学发展历史看，相对论还不是对牛顿力学的匪夷所思？X射线的发现，量子论观点还不是对经典物理的一种匪夷所思？科学的认识只能是探索物质世界中客观事实反映的真理，而不是主观上的想当然。近来国外有人提出一种叫弦网理论欲统一宇宙中的四大基本相互作用。它假设整个宇宙充满弦网状结构的基本单元，称量子比特。整个宇宙就是一个量子比特海洋。其中某处的振动激发会影响到整个宇宙空间，不就是扰动的传播速度无限大的观点吗？

八、关于量子论中"薛定谔猫的佯谬"问题解释

针对量子力学创始人玻尔、海森堡为代表的哥本哈根学派观点"对微观客体进行测量前，是不清楚其行为的，不可能对其做完整的形象化描述"，奥地利物理学家埃尔温·薛定谔即量子力学中著名的薛定谔方程创立者，试图证明量子力学在宏观条件下的不完备性而提出的一个质疑性思想实验。

在一个封闭的盒子里，内有一只猫，一个放射性原子核和一个装有毒气的容器。(见下图)

设想这放射性原子核在一个小时内有 50% 的可能性发生衰变。如果发生衰变，它将发射出一个粒子，从而触发装置打开有毒气容器杀死猫。根据量子力学，未打开盒子盖进行观察时，这个原子核处于已衰变和未衰变的迭加态。但是，如果在一个小时后把盒子打开，实验者只能看到"衰变的原子核和死猫"或者"未衰变的原子核和活猫"两种情况。

现在的问题是，这个系统从什么时候开始不再处于两种不同状态的迭加态，而成为其中的一种状态，猫是死还是活？在打开盒子观察之前，这只猫是死了还是活着，抑或半死半活？这思想实验是想说明，如果不能对波函数塌缩以及对这只猫所处的状态给出一个合理解释的话，量子力学本身是不完备的。

根据哥本哈根的解释，当观察者未打开盒子之前，猫处于一种"又死又活"的状态。该状态可用一个波函数来描述，波函数可由薛定谔方程解出。一旦观察者打开盒子观察，波函数会塌缩，猫呈现在观察者面前的是生或死的状态之一。这更导致了对世界客观性和人的意识的作用的讨论：我未看到月亮，月亮是否存在？

　　为了解释此佯谬问题，还产生了一种"多世界理论"。认为，当观察者打开盒子的时刻，世界会分裂成多个世界（在此思想实验中，是分裂为二个世界—本文作者註），而观察者只能进入众多的世界其中的一个，从而观察结果就因此只有一个，猫是"活"或"死"。

　　这佯谬，由"不确定"的衰变→检测器→毒药→猫的生死构成一条因果链，将量子的不确定与巨观物质猫的生死不确定性联系起来了。而根据日常经验，客观事实是无论我们是否观察，猫的状态必为生或死之一。

　　由本书的理论观点解释如下。

　　（1）观察与测量按科学的恰切意义来说，观察也是一种测量。通常是指人们用肉眼所观之察，一般是对宏观物体所言。测量的含义较广泛，对宏观和微观体系都适用，较确切。既可用肉眼来观察，也可指用仪器进行观察。如观察光的干涉衍射图，即是测量光粒子体系在屏幕上的斑点。

　　（2）在此薛定谔猫的思想实验中，大家疏漏了一个关键事实，就是当放射性原子核衰变放射出一个粒子，打开有毒气的容器杀死了猫时，已是一个测量——有毒容器测量到原子核衰变放射出来的一个粒子而打开。或说成是一个观察也行。原子核没衰变，容器没测量到，猫还是活着；若衰变了，容器进行测量并测量到，猫就死了。因此，把打开盒子盖看成是观察，来推测猫是死是活是错误的。是本身不存在的命题。

　　（3）如果在这封闭的盒子里，且藏有众多人员，他们得到的事实结论是原子核没衰变，猫还活着；若衰变了，猫就死了。与日常经验一致。无论在外面的我们是否观察，猫的状态必为生或死之一。

　　（4）把打开盒子看成是观察（或测量）来推测猫是死是活，相当于一切科学知识都要由自己亲自观察或测量来定真伪。从而引申出我没看到月亮，月亮是不存在的谬论。那一切书本知识，前人总结的科学知识都是不可靠的，不能学了。与认知相背。

（5）如果把放射性源改换成一个具有自由意志的射枪手，猫的死活决定于此射枪手何时开枪。开枪，猫就死了；没开枪，猫仍活着。因果关系由射枪手决定，与盒外观察者打开盒子观察猫的生死状态毫无关系。（如下图）

埃尔温·薛定谔是量子力学奠基人之一。他建立了著名的薛定谔方程。他提出此思想实验，以此怀疑波函数的塌缩来质疑量子力学的完备性。恰不知他的方程隐含着可用来解释波函数塌缩的性质。他把此机会留给了我。

九、认识论迷雾的澄清

波函数的概率解释使微观体系的波粒二象性披上神秘色彩，不清楚物质的基本形态到底是什么，从而成为怀疑客观世界物质性存在的源头。因果性是否是真理？我没看到月亮，月亮是否存在？人的主观意识与客观世界关系如何？除了现实世界，是否存在虚拟的多维世界？从而上帝是否存在？等等认识论迷雾经久不散。这一切深深地困扰着几代物理学家和哲学家。

本书认为波函数是微观客体物质波分布函数，是对微观客体实在的决定论式的描述。这种物质波具有内禀的塌缩特性，当受到测量时会突然瞬间塌缩，塌缩的可能性不是微观体系的主观意志，而是由外界测量条件所决定。此观点维护了物质世界客观性主张。因果规律是宇宙普适的真理。

人的大脑意识，科学上意义是大脑复杂电磁场活动作用的反映。意识的作用和控制仍是电磁场的作用和控制。脑电波的发现和其应用已是铁般的实证。

现实世界只有一个，可以触摸它，观察它，研究它。由于对微观体系波粒二象性的迷惑所产生的多世界猜想，那只是自我安慰的一种猜想，也可以说是上帝存在的代名字。数学上，一个函数可以按照一组函数完全集展开，如三角函数组集。难道每一个三角函数代表了一个世界？正如，一个电脉冲函数可按代表各种谐振频率的三角函数展开，能说这电脉冲电磁波是处在由各种谐振波表征的多世界中？

由波函数的概率解释，还引申出一个多维世界理论。说是对于一个具有 N 个粒子体系的系统，其波函数只是 $3N$ 维度抽象空间中的概率波函数，即存在多维世界。现在按本书的理论观点，此波函数就是 N 个粒子体系在真实的四维时空中的物质波分布函数。正如经典力学中，N 个物体的运动状态可以由一个函数 $F(r_1, r_2, \cdots, r_N, t)$ 描述一样，谁也不会认为此 N 个物体是在 $3N$ 维空间中运动。

量子纠缠现象，误解为有幽灵使得二个远离的粒子能瞬时相互影响。没认识到正是自己的主观，错误认为凡是微观体系都是"粒子"形式存在，有一定大小，误认为这二原本相关的体系已远离分开，从而不得不猜测有幽灵存在的结论。若认识到这二相关的微观体系在测量前是二纠缠的物质波，只要测量到其中一个→塌缩→影响到另一个，这幽灵就是测量引起塌缩的作用。

十、测不准现象和隧道效应都有了合理而形象化的物理图像解释

位置测不准：在衍射实验中，被测微观体系弥散物质波在屏幕上所显示的斑点位置，是屏幕上符合粒子测量条件的微观测量体系位置所决定。这些符合条件的微观测量体系位置的不确定性致使被测体系塌缩区域的不确定。这就是所谓的微观"粒子"位置的测不准。微观体系既然是弥散物质波，也就不存在测量前的位置。显示的位置是塌缩的位置。

隧道效应：把微观体系当作为有一定大小的粒子，才产生粒子贯穿势垒的隧道效应称谓。按本书观点，微观体系是由波函数所描述的具有塌缩性质的物质波形态，它在势垒的另一边也有其物质波分布。从而有可能整体瞬间塌缩于势垒的另一边，成为"贯穿势垒"的概率。实际上并不存在"贯穿"。

十一、阐明了量子力学中关于全同粒子才有的交换积分的物理意义

在量子力学中，关于全同粒子才具有的交换积分数学式，是不清楚其物理意义和原因所在的。如对两个全同粒子体系，交换积分

$$\int \Psi_1^*(\mathbf{r}_1)\Psi_2(\mathbf{r}_2)V(|\mathbf{r}_2 - \mathbf{r}_1|)\Psi_2^*(\mathbf{r}_2)\Psi_1(\mathbf{r}_2)\mathrm{d}\mathbf{r}_2\mathrm{d}\mathbf{r}_1$$

其中交叉项 $\Psi_m^*(\mathbf{r})\Psi_n(\mathbf{r})$ （$m \neq n$）不知其物理意义是什么，也不知其所以然。因为按波函数的概率解释，只有 $|\Psi|^2$ 才有物理意义。而此交叉项无定义。按本书波函数就是物质波分布函数的观点，此交叉项正是两个全同微观体系物质波在迭加区域的干涉成分波强度。因此交换积分是干涉波对相互作用能的贡献。

只有全同粒子才有交换积分，故而引申出全同粒子可有干涉现象，不仅仅是单粒子体系子波有干涉效应。这正是由于在全同粒子物质波迭

加干涉区，不能区分属于哪个粒子体系的物质波，从而必须要考虑对称性的原因。

十二、范德瓦尔斯 (Van der waals) 力的由来

直至目前，经典物理还没有完美解释清液体中分子间的一种相互作用即称谓的范氏力。

在化学界也有用电子云的相互作用来解释范氏力的产生。当二电子云靠近并且发生交叉重迭时，新产生的相互作用力，就是范氏力。由本书观点，完全可名正言顺。电子云就是真实的电子体系物质波分布。可预测，由于电子云交叉重迭随着条件而变化，范氏力应该起伏变化。

十三、夸克禁闭的解读

我们可以测量观察到光子流、电子流、中子流、质子流等等基本粒子流。但不可能测量观察到夸克流。因为任何测量仪器本身是量子化的，测量到的微观实体最小是以"基本粒子"为单位的。囫囵吞枣，要么不吃，要吃就是一个吞下，永远不可能知道枣内结构是什么。

若按宇宙大爆炸理论所言，随着时间推延物质的形成来看，夸克是在宇宙温度 10^{27} 摄氏度时开始形成，在 10^{15} 摄氏度时，因为都复合成质子、中子等基本粒子体系而消失。因此，若要由粉碎质子、中子等基本粒子体系产生出夸克，那必须相当于 10^{27}—10^{15} 摄氏度温度范围内的能量才行。

1993 年 5 月，美国 IBM 公司三位科学家 M. Crommie, C. Lutz 和 D. Eigler 在研究金属表面磁性材料的性质工作中，用扫描隧道显微镜清晰地拍摄下令他们十分惊奇的电子波照片（见附件）。在铜的表面，48 个铁原子像卫兵似的排列成一圆圈，他们称之为量子栅栏，圈内就是波纹状的电子波。

按本书观点，电子体系的波纹状态分布和铁原子的波包状态都由不同相互作用场的薛定谔方程所决定。即是由各自的状态波函数所描述的物质波分布。不同形状的量子栅栏，也即不同的相互作用场，可以肯定电子波纹的形态不同。电子云完全可以理直气壮地代替概率云。而且铁原子波包状态也会有所变化。这取决于与铁原子内部的相互作用来说外部对它的作用影响程度。

"墨子号"量子通信卫星的上天，量子纠缠现象的实际应用，都是本书观点的铁证。

注释

1. 氢原子的波函数通常写为

$$\Psi_c(X,Y,Z)\Psi(x,y,z)\exp\left[\left(-\frac{i}{\hbar}\right)E_c t\right]\exp\left[\left(-\frac{i}{\hbar}\right)Et\right]$$

式中（X，Y，Z）是质心坐标，（x，y，z）是相对坐标，E_c 是质心的动能，E 是相对运动能量。$\Psi(x,y,z)\exp\left[\left(-\frac{i}{\hbar}\right)Et\right]$ 描述电子和核之间的相对运动。它可以是电子相对于核的运动状态波函数，也可以是核相对于电子的运动状态波函数。这取决于相对坐标矢量 **r** 是从核指向电子还是电子指向核。

几乎所有量子理论的教科书中，矢量 **r** 总是为由核指向电子。因此，$\Psi(\mathbf{r})\exp\left[\left(-\frac{i}{\hbar}\right)Et\right]$ 是描述电子相对于核的运动状态波函数。$\Psi(\mathbf{r})$ 是下面方程的解

$$\left[-\frac{\hbar^2}{2m}\left(\frac{\partial^2}{\partial x^2}+\frac{\partial^2}{\partial y^2}+\frac{\partial^2}{\partial z^2}\right)+U(x,y,z)\right]\Psi = E\Psi$$

此外，Ψ 的共扼态 Ψ^* 也是方程的另一个解。这就是说，电子和核的相对运动状态波函数可以用 $\Psi(\mathbf{r})$ 或用 $\Psi^*(\mathbf{r})$ 表示（略去相因子 $e^{i\Phi}$）。

当我们仅仅考虑电子相对于核的运动或者是核相对于电子的运动时，用 Ψ 或用 Ψ^* 都可。但是，当我们需要同时考虑二者运动状态并要指出它们间的关系时，如果电子相对于核的运动状态波函数是用 $\Psi(\mathbf{r})$ 来表示，则核相对于电子的运动状态波函数必须是 $\Psi^*(\mathbf{r}')$（$\mathbf{r}' = -\mathbf{r}$），因为，$\Psi(\mathbf{r}')$ $= \Psi(-\mathbf{r}) = \pm\,\Psi(\mathbf{r})$ 仍是电子相对于核的运动状态波函数。

　　只要描述二体系相互作用的势函数仅与二者的相对坐标有关，以上结论总是成立。

　　2. 现代量子理论中，Green 函数

$$G(\mathbf{r}',0;\mathbf{r},T) = \sum_k \Phi_k^*(\mathbf{r}')\Phi_k(\mathbf{r})\exp\left[\left(-\frac{i}{\hbar}\right)E_k t\right]$$

称为传播子 (propagator)。从数学上来说，它是一个普遍的形式，与所考虑的微观体系初始状态波函数有关。但是我认为，从物理的意义和测量的角度上看，区分 G_k 和 G 是必要的。物理学要求描述物质世界运动规律的数学公式中每一项必须要有其物理含义。不论微观体系的物质形态是粒子还是波，有一点可肯定的是在时空中的物质运动。对于初始状态为中 $\Phi_k(\mathbf{r})$ 的微观体系，尽管数学上用 Green 函数 G 就能求得以后时刻的状态波函数，但从物理意义上，这微观体系的状态中并不带有除了定态 $\Phi_k(\mathbf{r})$ 外的状态成分，在它的物质运动过程中也就丝毫不会有这些状态成分的传播。因此，对于初始状态为中 $\Phi_k(\mathbf{r})$ 来说，微观体系的传播子写成 G_k 更为恰当。

参考文献

［1］Gu Yi-Ming 1991 Physics Essays 4 523.

［2］卢鹤绂 1984《哥本哈根学派量子论考释》复旦大学出版社．

［3］Bernard d'Espagnat 1979 Scientific American 241 128.

［4］A. Shimony 1987 Scientific American 258 1.

The New Explanations For The Wave–Particle Duality And The Measurement—To Reveal The True Nature of Quantum Ghost

Abstract

An inhomogeneous Schrodinger–type equation is proposed.A supplement is given to the Schrodinger equation which leads to a good interpretation of the wave–particle duality and the discontinuous change of the wave function of state caused by measurement.It is appropriate to regard a wave function as the distribution function of the matter wave spreading over a certain region in space and endowed with the nature of collapse.The measured microsystem can be localized in some region and shows particle properties as a result of being measured.According to this theory, the diffraction experiment is interpreted, and the process is described, where microscopic systems with uncertain dimensions form a macroscopic body with definite size and shape.A visualizable physical picture is given to the tunnel effect and the uncertainty principle. The properties of identical particles and exchange integral are satisfactorily explained.the essence of the Van der waals force is discovered.The experiments that show correlations between distant events, for example, the EPR paradox and the quantum entanglement can also be interpreted.The problem of the cat paradox of the schrodinger is not established.The reason of the quark confinement is explained.The point of view that sudden collapse of the matter wave upon measurement is included in the new Schrodinger equation does not contradict the spirit of the theory of relativity.

Key words：inhomogeneous Schrodinger equation；particle-measuring operator；wave-particle duality；collapse;matter wave; measure-forming; uncertainty principle; EPR paradox; quantum-entanglement; Schrodinger cat; tunnel effect; Van der waals force; quark confinement.

Pacs: 03.65.Ta, 03.65.Ud

Gu Yi-Ming

Department of Physics

East China Normal University,

Shanghai 200062

r